艺术设计与实践

版式编排设计与实战

于凯 李颖 编著

清华大学出版社
北京

内容简介

本书针对版式设计从基础到要点以及实战进行详细介绍，内容涉及版式的概论、版式中的文字、图形、色彩等基础知识的运用，还介绍了如何利用这些元素来引导、吸引读者的视线，本书中有大量的图例可供欣赏，还配上对图例的解析，帮助读者更好地理解知识，掌握要点。

本书不仅能为学习版式设计的初学者提供参考和学习，还适合从事版式设计的专业人士作为扩展创意思路和实战技法的参考书，也适合相关高等院校的师生作为教材及参考用书。

图书在版编目（CIP）数据

版式编排设计与实战/于凯等编著. —北京：清华大学出版社，2015（2018.8重印）
（艺术设计与实践）
ISBN 978-7-302-38498-4

Ⅰ.①版…　Ⅱ.①于…　Ⅲ.①版式-设计　Ⅳ.①TS881

中国版本图书馆CIP数据核字（2014）第260951号

责任编辑：陈绿春
封面设计：潘国文
责任校对：徐俊伟
责任印制：杨　艳

出版发行：清华大学出版社
网　　址：http://www.tup.com.cn，http://www.wqbook.com
地　　址：北京清华大学学研大厦A座　　邮　　编：100084
社 总 机：010-62770175　　邮　　购：010-62786544
投稿与读者服务：010-62776969，c-service@tup.tsinghua.edu.cn
质量反馈：010-62772015，zhiliang@tup.tsinghua.edu.cn

印 装 者：北京亿浓世纪彩色印刷有限公司
经　　销：全国新华书店
开　　本：185mm×260mm　　**印　张：**9.5　　**字　数：**322千字
版　　次：2015年3月第1版　　**印　次：**2018年8月第4次印刷
定　　价：39.00元

产品编号：054373-01

前言

PREFACE

版式设计虽然只是将图片与文字排列组合在一起，看起来与设计无关。但是想要做得出色，跟设计是离不开关系的。

人们往往会认为版式也就是简单的编排，任何人都可以进行这样的工作。其实要想真正地做好设计，还是要有一定的技巧和规律，不具备版式设计基础知识的人在设计完之后，常常无法确定自己的作品是否真的没有问题。甚至有的时候会无法判断自己的作品是不是“好的设计”。

另外在处理版面设计的时候会遇见一些问题，像把文字和图片对齐排列后，版面即显得整齐又不能显得死板生硬；在装饰元素使用后，版面会显得不够整洁。这些都是在版面设计过程中会有的困扰。

本书不仅介绍了版式设计的基础知识，还有如何吸引、引导读者阅读信息等内容。我们在设计的时候，首先应该掌握版式设计的基础知识，这样才能在设计的时候如鱼得水；其次在设计的时候，要充分地考虑到读者，多站在读者的角度考虑问题，例如读者阅读信息的时候是否便利。

本书共分7个章节，其中1～4章为于凯编写，5～7章为李颖编写。能够对读者的设计学习及工作有所帮助，是笔者最大的心愿。在此，希望读者在学习本书之后，在设计水平上有一定的提高。

于凯 李颖

北京电子科技职业学院

目录

CONTENTS

第 1 章 版式设计概述

第 2 章 如何做好版面设计

目录

CONTENTS

第3章 版式设计的要素

目录

CONTENTS

第 4 章 建立条理——网格系统的应用

第 5 章 图文排列的基本方式

目录

CONTENTS

第 6 章 如何引导读者的视觉顺序

目录

CONTENTS

第7章 不同媒介的版式设计

第 1 章

版式设计概述

主要内容：

本章主要介绍如何从现实生活的各种媒介里发现版式设计，并对其历史演变、风格特征、构成元素等作出相应的分析，让视角更开阔，结构更丰满。

重点、难点：

如何从设计的角度认识版式编排，并理解其本身的发展与相关艺术思潮的精神关联性。

学习目标：

让学生从时代生活的高度认识到版式设计自产生到繁荣的整体过程，树立对版式方面学习的兴趣和信心。

1.1 传播媒介中的版式设计

1.1.1 什么是传播媒介

一是指传递信息的工具和手段，如电话、计算机及其网络、报纸、广播、电视等与传播技术相关的媒体(如图1—1和图1—2所示）。

二是指从事信息的采集、选择、加工、制作和传输的组织或机构，如报社、电台或电视台等。一方面，作为技术手段的传播媒介的发达程度如何，决定了社会传播的速度、范围和效率；另一方面，传播媒介的制度、所有制关系、意识形态和文化背景如何，决定了社会传播内容、倾向和性质。

传播媒体简称传媒，通常称为媒体或媒介，是传播内容的载体，根据表现形式的不同，大概可分为纸质媒介和虚拟媒介两大类。前者如书籍、杂志、报纸、海报、传单、DM（direct mail）（如图1—3所示）等。后者如广播、电视、网络、数字新媒体等。

图1-2 通讯工具

图1-1 信息技术

ZARA
平民们的HIGH FASHION

40 Sport Feature

RENAISSANCE
man

图1-3 纸质传媒

1.1.2 传播媒介有哪些形式

1. 纸质媒介

印刷媒介是指主要利用纸质印刷品进行广告传播的媒介，主要包括报纸、杂志、书籍、邮递广告等。印刷媒介：在传播过程中用来传递信息的居间工具，包括报纸、杂志、书籍等，也称为纸质媒介。

（1）报纸广告

报纸广告是最古老也最流行的广告媒介，是广告市场上仅次于电视的第二大广告媒介（如图1-4～图1-7所示）。其优势主要体现在：

- 适合市场细分的广告策划和发布。报纸为广告客户提供了多种选择形式，从整版广告到只有几平方厘米的分类广告，从单色印刷广告到多色印刷广告，为不同的客户定位提供了专门的园地，使其受众覆盖可以精确化到每一个细分市场。报纸具有受众质量高和受众稳定的优势。报纸的受众往往集中在文化水平较高和收入较高的社会人群，其与读者之间的联系也较为稳固，因此，这种媒介在帮助广告客户到达高消费阶层的受众时尤为有效。

图1-5 矿泉水报纸广告

图1-6 保险箱报纸宣传

图1-4 报纸标题页

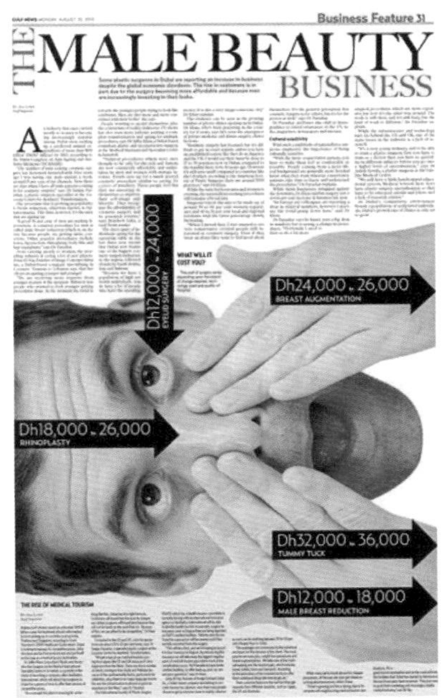

图1-7 男性美容宣传

●纸质传媒信息的存留性和深度优势。纸质印刷品承载的信息是白纸黑字，可以长久地凝固和存留下来，便于读者的反复诵读。这就要求报纸信息应该是可靠的、经得起琢磨的，因而也适合传达具有一定深度的、有一定分析性的信息。

这样，报纸广告传递的信息就具有了两种重要品质：可信性和详尽性。它适合向受众提供精确而详细的产品信息，进行深入的产品性能分析，有利于消费者更好地理解产品。

(2)杂志

杂志是一种更加专业化的媒介，因此它的广告更能满足狭窄定位的读者群需要。几乎每一个细分市场都有与之对应的杂志。比如流行的各类时尚杂志，完全成了高档消费品的广告专版。杂志广告的另一个特色就是制作精美、色彩迷人，其文案制作也往往富有诗意。当然，杂志广告由于出版周期和制作成本的原因，在广告市场的份额不大（如图1–8所示）。

时尚魔方让明星大变身

明星比超模
更有时尚地位

潮流发布从
T台走向生活

时尚设计师成为人气明星

图1-8 鞋子宣传页面

(3)书籍广告

书籍广告主要发布一些与所刊图书相关的文化信息或文化产品类广告，多以插入书中的扉页形式出现，其内容多带有专业化色彩，一般出现在大众类读物中，在广告市场所占比重不大（如图1–9所示）。

图1-9 书籍广告

印刷广告媒介还有其他丰富多彩的表现形态。比如夹在报纸中间的邮递广告，特别适合需要详细介绍的商品，而且价格低廉。再如街头派送的宣传单页、小册子和卡片之类，为一些小公司和专门的促销活动所青睐。

(4) 传单

传单是指印成单张散发的宣传品（如图1—10～图1—13所示）。

纸质媒介的主要优点有三个：

首先，读者拥有主动权。读者在接触印刷媒介时，可以自由选择阅读的时间和地点，这一点上它优于电子媒介。电子媒介的受众处于一种被动的地位，受众必须在一定的时间或地点才能接触到其内容。由于电子媒介的传播方式是线性的，所以如果受众想回头再看，必须付出额外的代价，比如将电视节目录下来。可以说，印刷媒介较为充分地照顾到了受众的选择性。

其次，纸质媒介具有便携性和易存性。电子媒介如广播电视的传播内容是稍纵即逝的，若不经过专门录制，就会很快消失。而纸质媒介如报纸、书籍等却能将信息有效地保存下来。正因为这样，纸质媒介更能达到使受众获得反复接触的积累效果。

再次，纸质媒介更能适应分众化的趋势。除了一些综合性的报纸以外，纸质媒介不像其他媒介那样强调以标准化的内容来适应大部分受众的共同兴趣。电子媒介为了要争取最大数量受众，都力求

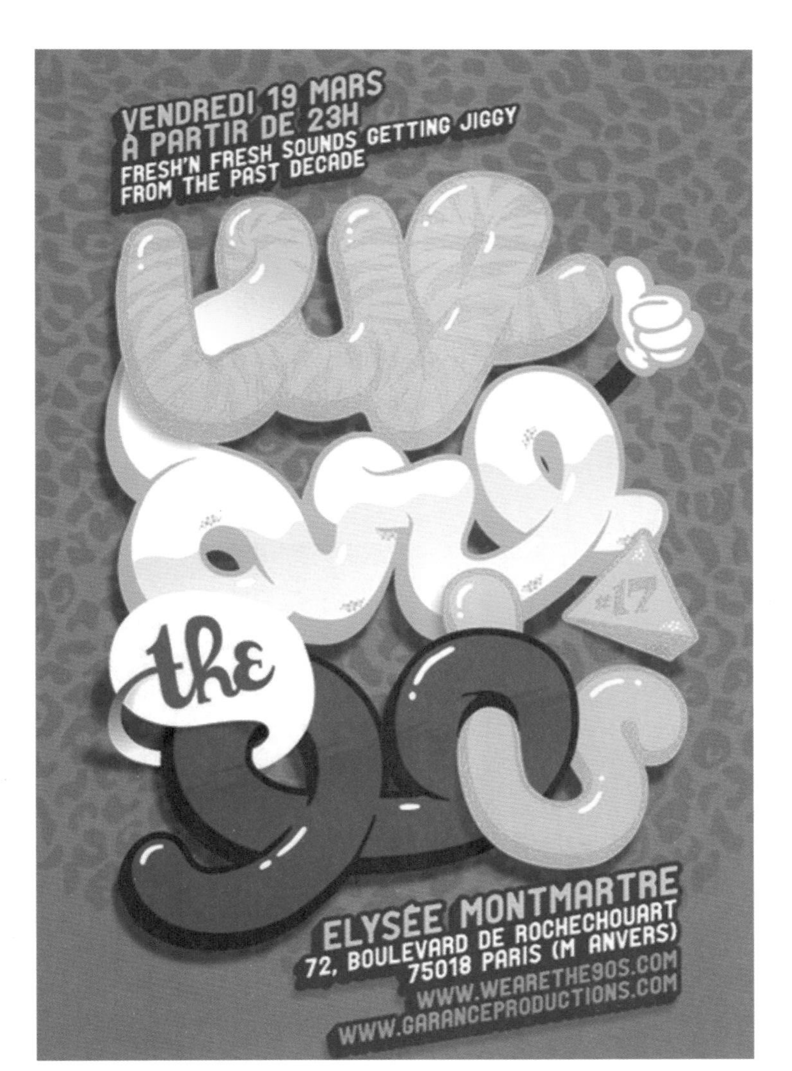

图1-10 法国演唱会宣传海报

图1-11 酒吧宣传海报

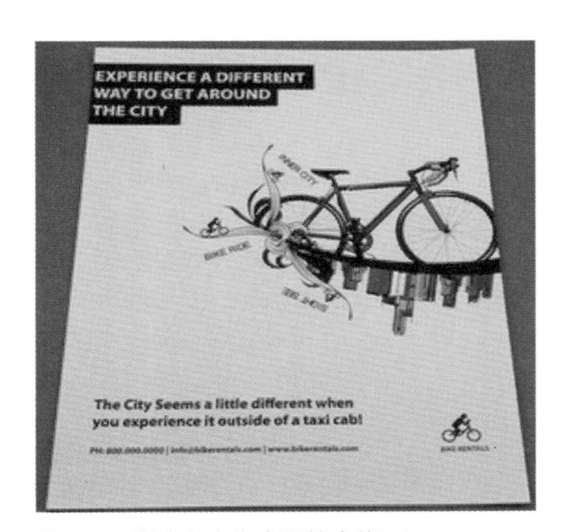

图1-12 以自行车为主题的宣传页

图1-13 宣传册设计

能适应大众的口味，强调老幼皆宜，雅俗共赏，这就导致了内容上的同一化趋势。而专业化、专门化的报纸、杂志、海报等纸质媒介往往以其具有针对性的内容而拥有特定的读者群，并对他们在某一方面施加特殊影响，这就适应了专业化、专门化受众的特殊需要。在知识界与教育界，纸质媒介更是拥有广泛的类型化受众（如图1–14～图1–17所示）。

纸质媒介的缺点是时效性不强，不能像广播电视那样进行实时报道，而要经过一个制作周期。另外的一个缺点是纸质媒介的使用需要识字能力，因而受到文化程度的制约，文盲和文化程度较低的人无法或不能充分使用这种媒介。

2. 虚拟媒介

多媒体技术及网络技术等的发展构成了信息高速公路的主要支撑。而网络传播的飞速发展，已经使其成为影响力巨大的一种艺术传播方式。传播学者曾预言，现行的点对面的大众传播方式将会

图1–15 音乐海报

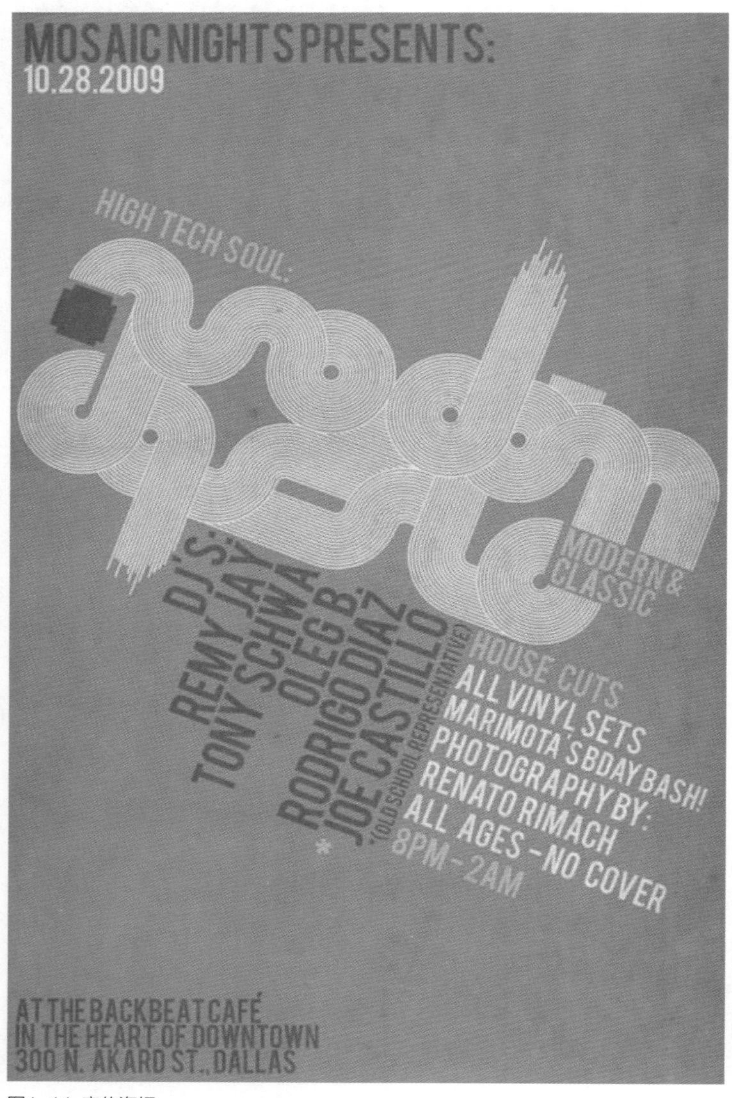

图1–14 宣传海报

图1–16 《时代精神》海报

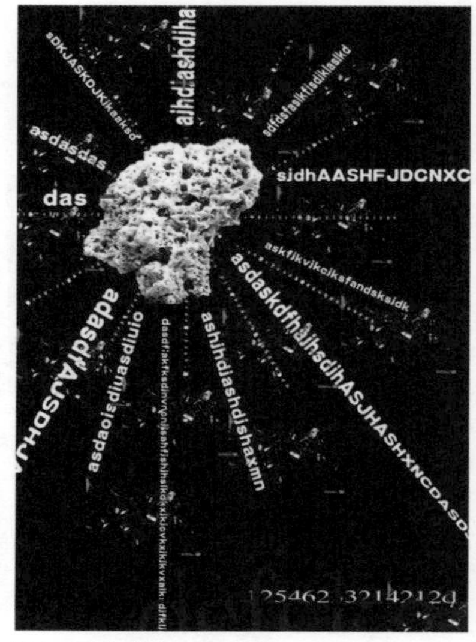

图1–17 杂志内页

被一种新的点对点的传播方式所取代。随着多媒体电脑网络的建设和日益普及，人类正在由大众传播时代向网络传播时代飞跃。数字化革命的运作，造就了网络时代的到来，全世界一切有形的东西都尽收眼底，我们可把艺术创作的感知伸向各个角落。对于艺术传播的接受者来说，通过网络可以获得的是视觉、听觉综合性的、全方位的流动信息。而所有这些都离不开在网络传播中起中介作用的媒介，即基于数字化技术的网络媒介。

网络媒介作为传播媒介，具备了对艺术信息传播的各种强大支持功能，同时它那超越人们想象速度的兴起与迅猛发展，对传统的大众媒介构成了强劲的冲击。相对于原有的传播媒介，它被称为一种“新媒介”；由于其具有数字化传播的特点，它又被称为“数字媒介”；同时，网络空间是虚拟的，因此还被称为“虚拟媒介”；在报刊、广播、电视这三种大众传播媒体之后，网络媒介又称为“第四媒介”（如图1-18所示）。

图1-18 甜点宣传页

1.1.3 版式设计的概念

版式设计是平面设计里一门相对独立的设计艺术，概念理解如下：在规定的二维版面空间里，将版面构成的诸要素：文字、图形、色彩等（如图1-19所示）。运用形式美的法则、原理进行编排组合来表现特定的内容和视觉审美需要，是一种具有直觉性的艺术创造活动。

图1-19 《New paper》杂志封面

1.1.4 版式设计与传播媒介

我们生活在一个信息爆炸的时代，人们获取信息的基本手段是依靠各种媒介，媒介种类的拓展和技术的创新极大地影响了信息传递的效率、范围和手段。不同的媒介依据不同的目的形成了不同的形态，而其中无一不涉及到版式设计。文化的传承和视觉的愉悦是版式设计的目的，人们在了解媒介承载的视觉信息的过程中，版式所提供的阅读方式、阅读空间对阅读效果和受众心理都会产生相应的影响。因此，针对不同媒介进行个性化的设计是平面设计师的首要任务（如图1-20所示）。

网络媒介凭借数字化技术的发展产生了强大的信息传播能力，对传统大众媒介构成了强烈的冲击，它具有交互性、持久性、密集性和多元性四大特点。它利用自身高效、快速的优势将媒介信息传播带入了一个超越时空限制的全新境界，成为继报纸、杂志、广播和电视之后的又一媒体。它所构建的现实环境也已成为一种普遍的存在方式和实践方式，给现代人类提供了一个新的视觉领域和思维方式。在这样的形势下，平面设计也扩展到其他非传统的设计领域，如空间平面设计、产品平面设计、服饰平面设计和影视与网络平面设计，这些新领域在媒介手段和表现空间等方面改变了传统意义上的平面设计，在版式编排上也提出了全新的课题，这也是平面设计师不得不面对的问题。

图1-20 《中国剪纸艺术》展开图

1.2 中西方版式设计的发展史

1.2.1 中国古典书籍与印刷品的编排设计

甲骨文是现代汉字的祖先，它独特的版面形态对中国传统文化产生了深远的影响。从甲骨文到现代汉字中间经历了金文、大篆、小篆、隶书、楷书等几个阶段，几千年的辉煌文化史给我们留下了一系列丰富多彩的书籍版式形态和相应的书籍装订形态：甲骨刻辞、钟鼎、石刻、帛书、简策、卷轴装、经折装、旋风装、蝴蝶装、包背装、线装等。

中国古典书籍的版面特征各个时期虽不尽相同，但却都具有恬淡悠远、清淡雅致的审美特点，形成了缜密的协调统一性（如图1-21～图1-25所示）。

自〝五四〞运动以来，西欧、日本的装饰、版式设计被引进来，新的以商业、文化内容为主体的版式设计得到了发展，出现了大量优秀作品。

图1-21 《莲生贵子》寓意图

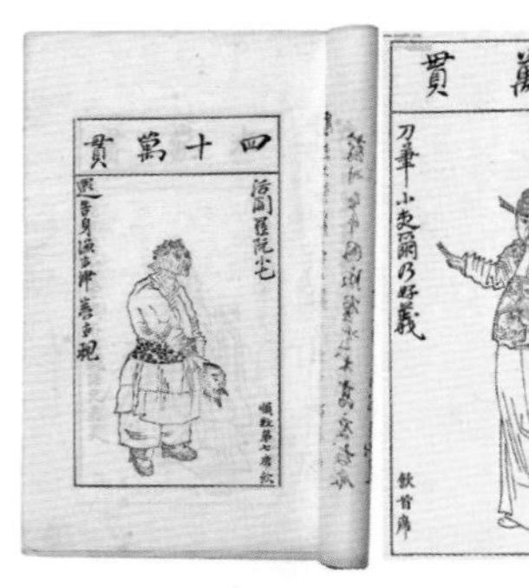

图1-22 《水浒叶子》陈洪绶（明末清初）

图1-23 《一团和气》中国传统图形

图1-24 中国传统戏剧画

图1-25 金刚经

1.2.2 西方版式设计的历史发展与风格演变

人类最早的排版意识始自文字创始之时，洞窟石壁上的涂鸦、泥板上的楔形文字、长条状的纸草“卷轴”等，一直到纸张的出现和有关制作技术的应用，我们现在所认识的书籍形态才告完成。

意大利文艺复兴时期的小开本书籍版面采用罗马体，横纵方向的几何模式被应用，工整的版面布局已接近现代排版方式。15世纪40年代德国的古登堡采用的活字印刷术奠定了西方古典版面设计的基础，以文字、图片混排的编排方式从纽伦堡传播开来。17世纪德国诞生了世界第一张报纸《阿维沙关系报》，这成为当时平面设计界的重大事件。18世纪出现的卡斯隆字体一直被沿用至今。19世纪中叶，摄影照片成为版面设计的重要元素，与字体、插图构成了版式设计的现代形式。1845年，垂直式版面取得了主导地位。特点有：①以竖栏为基本单位；②文字与图片都很小；③标题不跨栏；④靠厚度体现其重要程度。

19世纪末的版面设计突破了栏的限制，这一时期的版式有三大特点：①标题跨栏；②大图片开始出现；③增加了色彩（如图1–26～图1–29所示）。

图1–27 苏美尔人创造的楔形文字

图1–26 文艺复兴时期书籍版式设计

图1–28 1405年法国苏瓦松或拉昂的皮纸插图手抄本《祷告书》

图1–29 西方传统图案

现代设计的源流与发展

现代设计运动到来的早期可追溯到19世纪下半叶的英国“工艺美术运动”和随后的“新艺术运动”。英国的威廉·莫里斯是“工艺美术运动的发起人，也是古典主义版面的创始人。他在版面设计中采用对称式构图，设计风格注重简单化、纯朴化。他设计的版面样式新颖，纹饰精美，产生了经久耐看的效果（如图1－30、图1－31所示）。

新艺术运动极富装饰性的风格同时影响了建筑艺术和平面设计，蜿蜒的曲线、波浪起伏的线条和树叶、花朵和流动的葡萄藤蔓等形象在新艺术运动平面设计家的作品中屡见不鲜。而20世纪早期兴起的装饰运动则表达了对科技的发展和速度的赞美，装饰运动的设计师着重强调简单的线条，以反映流线感和空气动力学的特点。

图1-30 威廉·莫里斯（1830-1896）

图1-31 威廉·莫里斯的布料图案设计

二十世纪的现代艺术运动众多，每一个艺术运动思潮对现代设计都产生了巨大的影响，立体主义的形式、未来主义的观念、达达主义的编排、超现实主义的插图……在短短的几十年里，平面设计的思想意识，审美观念和艺术创造目的产生了深刻的变化（如图1—32～图1—34所示）。

在二十世纪前半叶这令人眼花缭乱的现代艺术设计现象中，俄国的构成主义、荷兰的风格派、德国的包豪斯又构成了艺术现代主义的三个重要的核心思潮，成为现代设计思想和形式的基础。

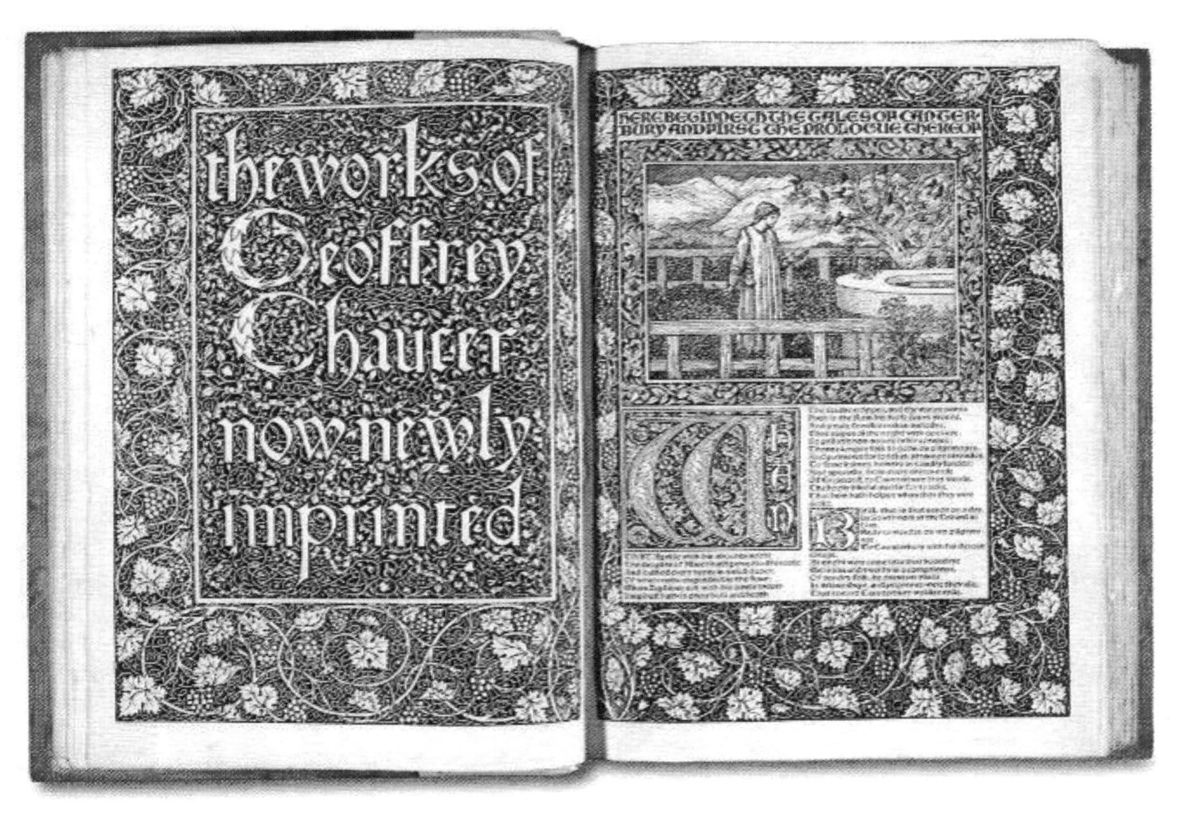

图1-32 莫里斯为乔叟文集创作的插图 1896

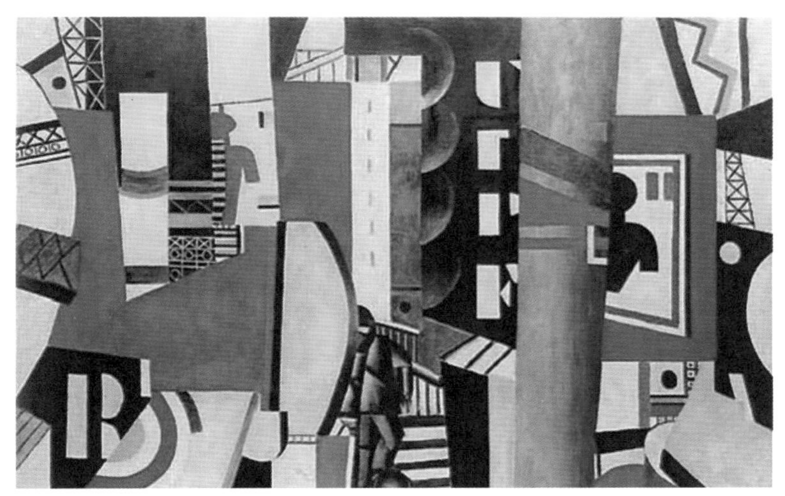

图1-33 费尔南德·莱热（城市）

图1-34 《VOGUE》杂志

未来主义：未来主义是对传统艺术形式的反叛，反对正规、严谨的排版方式，提倡自由组合，倡导"自由字体"的无序编排。《李西斯基1929年设计的展览海报》采用构成主义、未来主义、拼贴等当时非常前卫的手法（如图1–35所示）。

达达主义：在无规律和自由化方面，达达主义和未来主义是一致的，但达达主义的版面更强调拼贴的作用，摄影、图片应用得更多一些（如图1–36～图1–38所示）。

超现实主义：超现实主义用写实的手法来描绘荒诞的梦境和虚无的幻觉，对现代平面设计的影响在于对人类精神领域和意识形态方面的探索（如图1–39所示）。

构成主义：构成主义的版面编排以几何形式的构成为主，更讲究理性的规律，强调编排的结构、简略的风格及空间对比关系，为现代主义设计奠定了基础（如图1–40所示）。

图1–35 李西斯基1929年设计的展览海报

图1–36 《语言的自由》达达主义

图1–37 《新未来主义》海报达达主义

图1–38 达达主义

图1–39 超现实主义

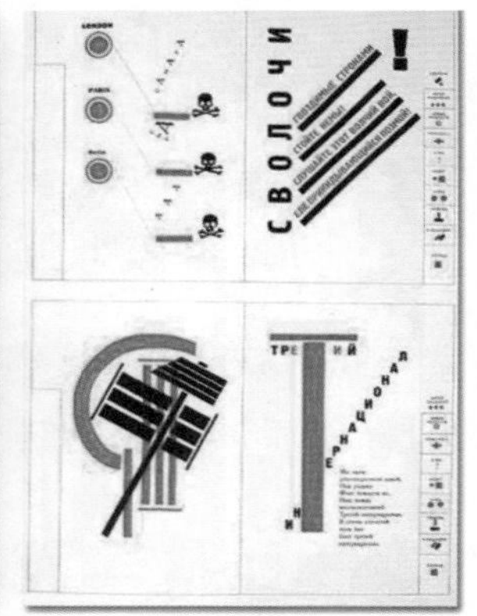

图1–40 构成主义

风格派：荷兰风格派的思想和形式得益于蒙德里安的绘画探索，风格派的版面编排特色在于把单体几何结构通过一定的形式进行结构组合，运用横线、竖线来进行版面的平衡，再通过数理的计算以趋于逻辑性与秩序性（如图1–41和图1–42所示）。

包豪斯：1919年德国人格罗皮乌斯创立的"国立魏玛包豪斯设计学院"开创了现代设计的新纪元。包豪斯拥有一整套完整的、经过严格设计的基础教学思想体系，它的设计思想及风格具有科学化、理性化、功能化、减少主义和几何化的特点，注重启发学生的潜力和想象力，注重字体设计，版面设计采用无线装饰字体和简略的编排风格，它的影响一直延续到今天。

图1–41 蒙德里安《灰色的树》，1911年，布上油画

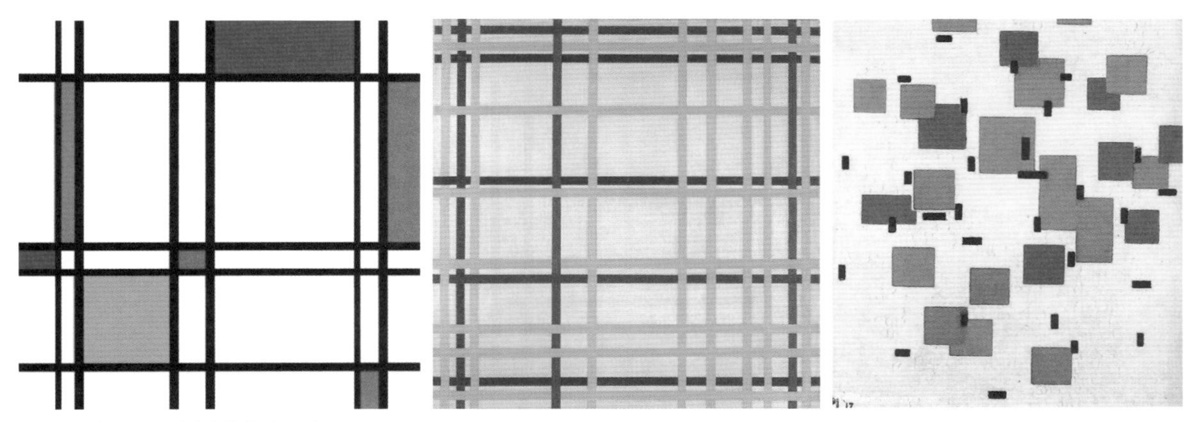

图1-42 蒙德里安的代表作构成系列

国际主义平面设计风格：20世纪50年代兴起于瑞士的“国际平面设计风格”是在荷兰风格派、德国包豪斯以及让.契克尔德的“新字体”的基础上发展起来的一种新样式，具有简洁明了、传达功能准确的特点。该版式强调骨骼排版法，取消编排的装饰，给人以功能化、标准化、系统化的印象（如图1—43所示）。

后现代主义的设计强调多元化和人性化，给版式设计带来了欢乐和人性的特征，增加了设计的历史韵味和人情味，对后来版面设计的发展具有深刻的启迪作用（如图1—44所示）。

图1-43 包豪斯校舍、包豪斯展览会招贴 1920 朱斯特 · 史密斯　图1-44 后现代主义风格

20世纪80年代到90年代，电脑技术、信息媒体、数码技术的迅猛发展，给平面设计工作提供了极大的方便，数码革命使平面设计从排版编辑、图像处理、文件刻录、印刷、扫描到数码相机设备的配合都发生了巨大的变化，版式设计也进入了一个前所未有的新阶段。网络媒体的出现，使平面设计从二维的静态发展到动态、互动的多元媒体的表达。设计师可以从繁重的手工制作中解脱出来，借助电脑辅助设计可以轻松地完成多种版式设计和更加复杂的表现形式（如图1—45、图1—46所示）。

图1-45 运用图像设计的版式

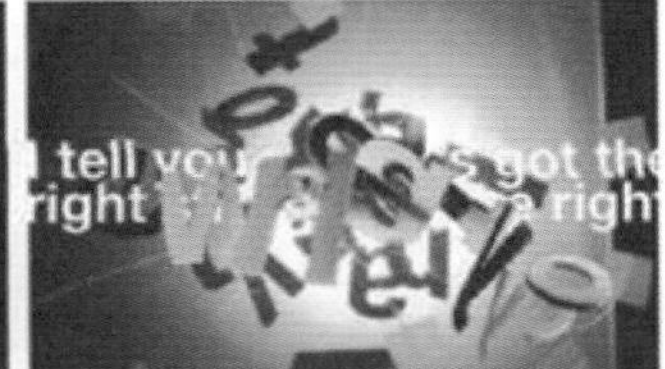

图1-46 运用数码特效的版式设计

本章小结及作业

本章我们学习了版式设计的概念与元素、发展历史、风格演变等问题。版式设计产生和发展源于信息传达，和传播媒介有着密不可分的联系。在概念上，版式设计和平面设计既有联系，也有一定的区别。本章学习的目的是为提高学生对版式设计文化的认识和修养，为相关课程的学习提供参考。

1.训练题

列举出你熟悉的一幅版式设计作品，并说明它在生活中的具体应用和实际作用。

要求：要从色彩运用、字体特点、栏式设计、信息安排、受众心理、想象力等角度展开说明。

2.课后作业题

搜集大量国内外版面设计作品，以电子文档的形式保存。在其中选出你认可的10幅作品，并分析其优点；找出你认为不好的5幅作品，说明其缺点，并给出修改意见。

要求：以PPT的形式在班内交流、在课堂中分享（每班随机抽取至少五名同学进行演示和分析）。

第2章

如何做好版面设计

主要内容：

本章主要是让学生知道做好版面设计需要掌握哪些要点、原则，以及如何站在客户的角度来考虑版面设计。

重点、难点：

如何站在客户的角度来对版式设计的内容进行具体的分析与设计。

学习目标：

掌握如何从客户的角度来看待问题。客户希望接收和传达的信息内容是怎样的。

2.1 认识版式设计

作为一名平面设计者，对版式设计的语言和风格进行研究要做到知其然更要知其所以然。要研究同时期艺术思潮对版式设计产生的影响，包括版式设计与建筑、绘画、文学、音乐、诗歌、服装等领域艺术精神的相关性，从宏观的角度，用发展的观点来看待版式设计与艺术思潮发展的关系。

2.1.1 版式设计的目的

所谓版式设计就是在版面上，将有限的视觉元素进行有机的排列组合，将理性思维，个性化地表现出来的一种具有个人风格和艺术特色的视觉传送方式。在传达信息的同时，也产生感官上的美感（如图2-1和图2-2所示）。

版式设计的范围涉及到报纸、刊物、书籍（画册）、产品样本、挂历、招贴画、唱片封套和网页页面等平面设计的各个领域。

图2-1 书籍（画册）的版面设计

图2-2 报纸版式

那么通过版式设计我们能获得什么呢？对于版式设计专业的人来说，只有知道版式设计真正的目的，才能设计出更好的效果。那么版式设计的目的究竟是什么？版式设计的目的就是传达信息，与读者进行交流，在信息被准确地传达给读者后，读者的反应是设计者的追求，只有打动读者的版式才会高效率地传达信息。

一个人太寂寞
两个人太拥挤

图2-3 杂志内页

2.1.2 版式设计的组成部分

所谓版式设计就是在版面上有限的平面"面积"内，根据主题内容要求，设计者运用所掌握的美学知识，进行版面的"点，线，面"分割，运用"黑，白，灰"的视觉关系，底子或背景"明度，彩度，纯度"的合理应用，以及文字的大小，色彩，深浅的调整等，设计出美观实用的版面（如图2-3和图2-4所示）。

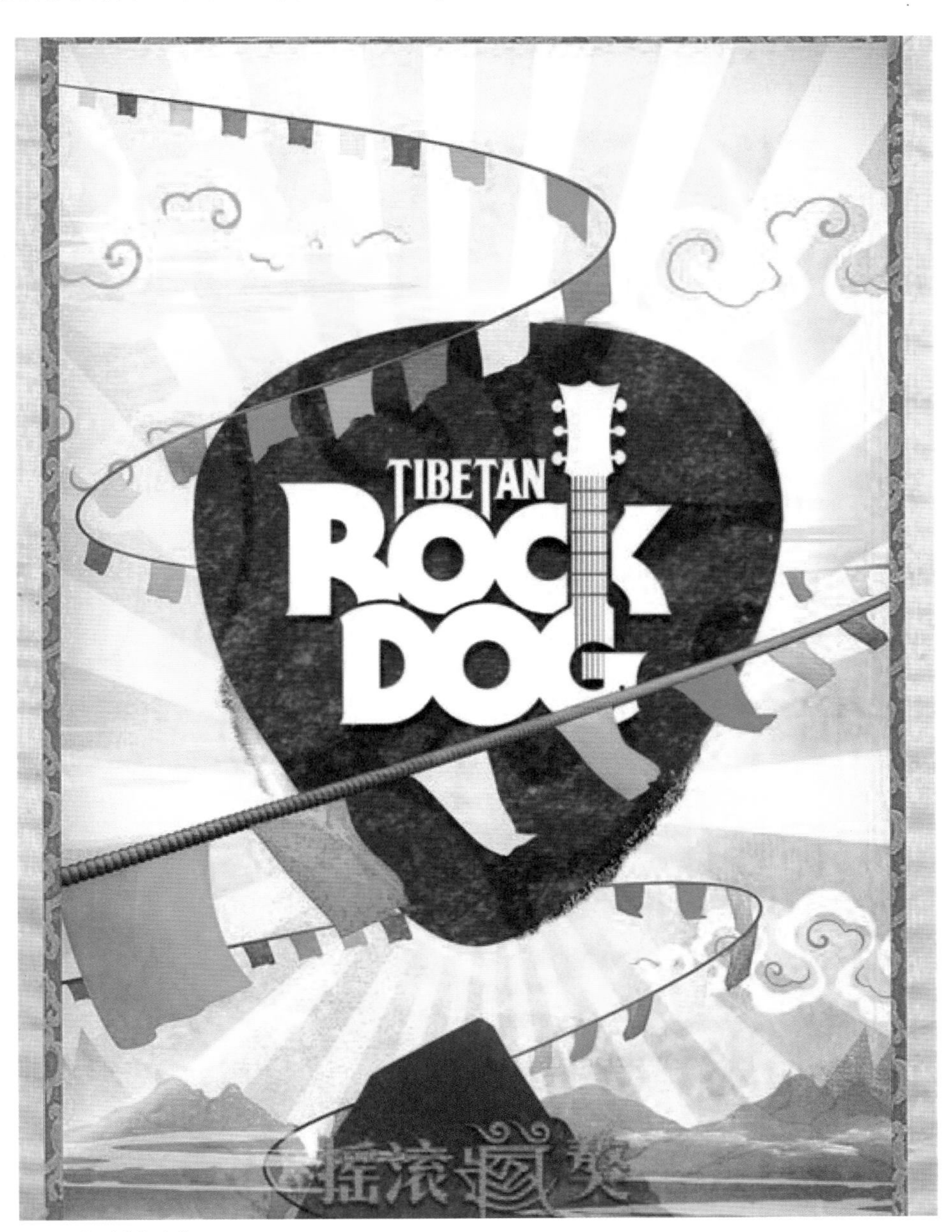

图2-4 摇滚海报宣传

2.1.3 什么是好的版式设计

点、线、面是构成视觉空间的基本元素，也是排版设计上的主要语言。排版设计实际上就是如何经营好点、线、面。不管版面的内容与形式如何复杂，但最终可以简化到点、线、面上来。在平面设计家眼里，世上万物都可归纳为点、线、面，一个字母、一个页码，可以理解为一个点；一行文字、一行空白可以理解为一条线；一行文字与一片空白，则可理解为面。它们相互依存，相互作用，组合出各种各样的形式，构建成一个个千变万化的全新版面（如图2-5～图2-7所示）。

1. 点在版式设计上的构成及变化规律

点的感觉是相对的，它是由形状，方向、大小、位置等形式构成的。这种聚散的排列与组合，带给人们不同的心理感应。点可以成为画龙点睛之“点”，和其他视觉设计要素相比，形成画面的中心，也可以和其他形态组合，起着平衡画面轻重，填补一定的空间，点缀和活跃画面气氛的作用；还可以组合起来，成为一种肌理或其他要素，衬托画面主体。

图2-6 平面造型设计

图2-5 足球宣传海报

图2-7 关于气候的宣传页

2. 线在版式设计上的构成及变化规律

线介于点与面之间，具有位置、长度、宽度、方向、形状和性格。直线和曲线是决定版面形象的基本要素。每一种线都有它自己独特的个性与情感。将各种不同的线运用到版面设计中去，就会获得各种不同的效果。所以说，设计者能善于运用它，就等于拥有一个最得力的工具。线从理论上讲，是点的发展和延伸。线的性质在编排设计中是多样性的。在许多应用性的设计中，文字构成的线，往往占据着画面的主要位置，成为设计者处理的主要对象。线也可以构成各种装饰要素，以及各种形态的外轮廓，它们起着界定、分隔画面各种形象的作用。作为设计要素，线在设计中的影响力大于点。线要求在视觉上占有更大的空间，它们的延伸带来了一种动势。线可以串联各种视觉要素，可以分割画面和图像文字，可以使画面充满动感，也可以在最大程度上稳定画面（如图2—8和图2—9所示）。

3. 面在版式设计上的构成及变化规律

面在空间上占有的面积最多，因而在视觉上要比点、线来得强烈、实在，具有鲜明的个性特征。面可分成几何形和自由形两大

图2-8 线型海报设计

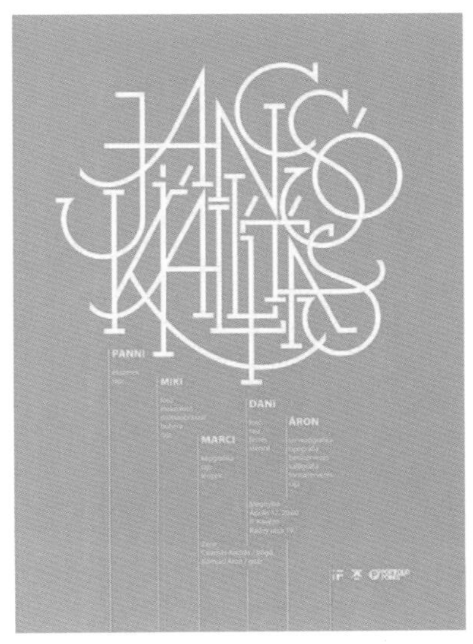

图2-9 线型海报设计

类。因此，在排版设计时要把握相互间整体的和谐，才能产生具有美感的视觉形式。在现实的排版设计中，面的表现也包含了各种色彩、肌理等方面的变化，同时面的形状和边缘对面的性质也有着很大的影响，在不同的情况下会使面的形象产生极多的变化。在整个基本视觉要素中，面的视觉影响力最大，它们在画面上往往是举足轻重的（如图2−10～图2−13所示）。

2.1.4 编排设计的作用

在平面设计中，编排是非常重要的基本技能，因为所有的设计都承载一定的功能和目的，而编排的好坏，对目的的实现无疑会产生至关重要的影响，编排设计的作用体现在以下三点：

- ●营造秩序感：图形、字体或颜色的秩序组合，提升了信息传达的层次性，有助于阅读效率的提高。
- ●创造逻辑性：编排把元素之间的逻辑关系通过先后主次、创造性地体现出来，是对所传达信息的理解和再创造。
- ●正确的心理印象传达：通过文字和图像的巧妙组合，编排能给受众以正确的心理印象和情感化信息的传达。

图2-11《节约水的方法》

图1-10 面型

图2-12 书脊的图文排版

图2-13 文字创意编排海报设计

2.1.5 什么是优秀版式设计

当今社会，虽然各种媒介形式层出不穷，但信息传达还是版式设计核心目的所在。好的版式设计应当是内容与形式的完美结合，一个优秀的版面编排会让受众在获得准确信息的同时还能获得一定的审美愉悦和心理满足，必须具有认同感、欢迎感、高品质感（如图2–14和图2–15所示）。

图2-14 趣味性海报

1. 强调受众认同感

版式编排要考虑到受众的心理预期，让受众产生一种亲切感。版式配色的明朗性、图片的趣味性、信息的丰富性及整体版面的流畅性都会增强接受者的信任感和依赖感，激发他们的视觉观注和兴趣的产生。

2. 增强受众愉悦性

版面形象的大小、内容、色彩配置要给人以审美的愉悦，要针对具体人群的格调和爱好。要组合好版面要素的可读性，创造出较好的观阅可视性，转变受众的无意注视为有意注视（如图2–16所示）。

图2-15 提供准确信息的海报编排

3. 提供准确信息

版面的图形编排、文字表述、空间处理、色彩构成等要素要为同一个主题内容服务，要有主次、先后、轻重、缓急，要清晰顺畅地传达主题内容，要具有说服力，能引起受众的依赖感和认同感。

4. 尊重受众感受

版面的照片文字要突出针对特定人群的特点，并且与传达信息的产品相匹配，为受众创造出一种主动接受的空间，营造出一种温馨、亲切的情调。

2.1.6 版式设计需要掌握的基本能力

成功的版面编排要体现出良好的叙事能力、节奏意识，以及图文配合的素养，使受众对面前的视觉信息更加感兴趣，而这是需要一系列知识和技能的，也是一个平面设计从业人员必须掌握的基本技能。它们分别是：色彩原理、字体设计、栏式结构、信息设计与协调能力、设计心理学、幽默感与想象力。

- 色彩原理：编排中对各种元素色彩关系的整体判断对一个版面的形象美感形成来说是至关重要的，即使对于那些黑白元素的组织也是如此。
- 字体设计：字体是版面表情的重要表现部分，字体的选择与版面的内涵、传达的信息是否协调是衡量版面编排专业性的标准。
- 栏式结构：合理地分栏能使版面元素整齐有序，提高版面的易读性。方式有横向切割、倾斜、旋转等。
- 信息设计与协调能力：版面编排有时需要承载大量的信息，或者需要设计一系列版式。怎样有效、有序地安排和组织这些信息是需要考虑的问题，其中网格的使用是非常必要的。
- 设计心理学：版式编排是建立在受众心理研究基础之上的，需要尊重受众的心理需求和心理影响，同时设计人员的创作状态也是设计心理学关注的一个范畴。

图2-16 愉悦性

图2-17 文字性宣传页

●幽默感与想象力：编排设计中的幽默感和想象力是一种创新的体现形式，是一种编排思路的拓展，能产生一种出其不意的效果。

编辑设计师应掌握的版式设计元素。

●版面式样：选择不同的版面样式对信息传达的效果会产生很大的影响，因为不同的文字、图像和搭配方式会给人们不同的视觉感受，常见的版面样式有左右对称配置、自由配置、网格布局、图片满版等类型。

●信息量：信息量的多少也很重要，信息量大会显得实用性强，信息量少则显得中肯、有力。如果信息量太少，即使全用文字传达也很难引起读者的心理重视。

●静动性：是指图形内容和外形组合的视觉效果而言的，具体表现形式有水平、垂直、倾斜等。外形的动静性有底版、方版、出血版、羽化版等。

●图文率：版式文字内容较多，说明性强、给人以实用感（如图2–17所示）。

●图版率：是指版面中图片与文字的面积比，用%来表示。视觉度是图片引起关注度的高低。文字和图文的比率对信息传达的影响至关重要，图多则显得单调、乏味；文字多则显得压抑、空洞。有亲和力的版面是二者巧妙的组合，既显得充实、完整，又显得亲切、活跃（如图2–18所示）。

●跳跃率：标题较大时最有张力，能引起认同感；标题较小时则显得内敛、含蓄、低调。

●文字跳跃率：版面中最大字与最小字之间的比率关系。比率越大，跳跃性越强。相反，则跳跃性低。高跳跃率能吸引人们的注意，有强烈的宣传感和鼓动性；低跳跃率显得理性、延续、有内涵，给人以“润物细无声”的感觉。

图2-18 茶道宣传介绍

●图片跳跃率：版面中大图片和小图片之间面积比率关系。比率大跳跃性则高，给人以轻松、幽默、戏谑的感觉。低跳跃率给人以持重、有节的感觉。比率适当、主次分明的会让人感到条理性强，生动而又有内敛。局部特写图片常用于大框架中，同时有大小两张图片时，一般的处理手法是全身像用于小框架，大框架采用特写。照片面积的具体规格和内容的繁简度也是需要考虑的因素。

●网格拘束率：指网格约束文字、图片的程度。

●角版:给人以四平八稳的感觉，会产生一种理性、有品质、端庄的视觉效果（如图2-19所示）。

●出血版:有一个以上的边出血，对比角版来说显得更加活跃、富于变化（如图2-20所示）。

●羽化版:边界模糊，能让人产生一种朦胧、浪漫的感觉（如图2-21所示）。

图2-19 角版

图2-20 出血版

图2-21 羽化版

●网格：网格是一种编排的辅助手段，用以对版面的框架结构进行大致的规划。严格遵照网格的版面给人以严肃、稳重的印象。脱离网格的版面则产生轻松、活跃的感觉，网格拘束率的确定影响了信息的视觉传达率（如图2-22所示）。

●挖版:图片的边缘产生不规则的形状，给人以生动感和自由感。角版中的少量挖版能提升版面中的活跃气氛。相反，在挖版多的版面中，角版能起到增加稳定性的作用。主要的人物和图片不适用挖版。

●空白率:版面上的文字、图片与空白面积的比率关系。空白越多则空白率越高。高空白率体现的是高质量和高品质，能传递出一种恬静、古朴的感觉；低空白率能给人一种信息丰富的印象。页面文字靠边摆放，以图片为主题，扩大了空白量，给人以高雅、稳重、高品质的感觉（如图2-23所示）。

●视觉度：是指文字、图像对人产生视觉关注力的强度。版面设计中增加图片是提高视觉度的常用手法。抽象的图形由于简单易记，视觉度高于写实图像。因此，针对不同的信息传递内容需要采用不同的图片视觉度。

图2-22 网格部署

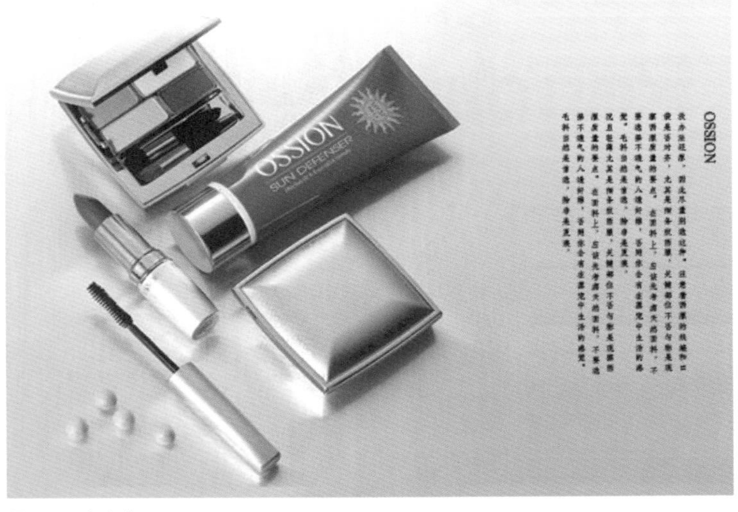

图2-23 空白率

2.2 流畅地传递信息

在我们生活中不一样的媒介有着不一样的专属设计师，他们根据不同形式的要求进行设计。我们仔细观察就会发现这些版式还是会存在着相同点，这属于基础设计。

真正的基础设计中一项就是直观。无论对于那种设计而言，直观都是必要的条件。对于排版设计师而言。排版的工作不是为了表现设计师自身的喜好，更多的是如何将客户所提供的信息传达给读者（如图2–24～图2–27所示）。

1. 为什么要以流畅的方式来处理信息呢?

因为我们要向读者介绍我们想要传达的内容，而流畅的内容方式便于读者们阅读信息。如果在阅读上遇到困难，很可能会阻碍了读者阅读的兴趣，从而放弃阅读，这样我们所要传达的信息也就不能够被读者接受。

图2–25 对酒宣传的页面

图2–24 突出文字信息的宣传页

图2–26 《构建一个绿色的经济》

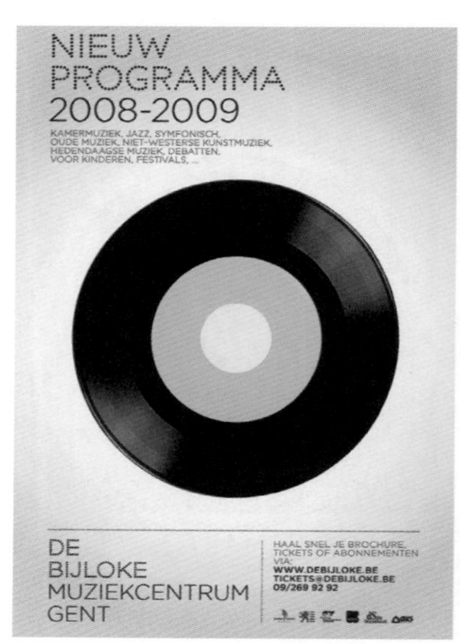

图2–27 音乐宣传海报

2. 怎样以流畅的方式来传递信息?

想要让信息的传递变得流畅，就是版式设计的作用了。版式设计可以让混乱的信息内容变得有秩序感、看起来具有一定的视觉美感、轻松感。而杂乱的内容会导致读者不知从何处读起。

3. 版式设计中最重要的是什么?

在版式设计中最重要的就是对读者的照顾，在设计中对读者照顾的想法是很有必要的，因为在照顾读者阅读的时候也便于我们信息的传递。所以说我们在设计的时候要方便任何人阅读东西、对任何读者都要包含着一种照顾的情绪。

2.2.1 替读者考虑

版式设计要尽量多的传递信息给读者。因为其以大量以及不明确的人群为目标，所以我们在传递信息的时候要以〝尽量将信息传达给更多的人〞为宗旨来进行设计（如图2–28～图2–31所示）。

图2–29 《临时雇员》

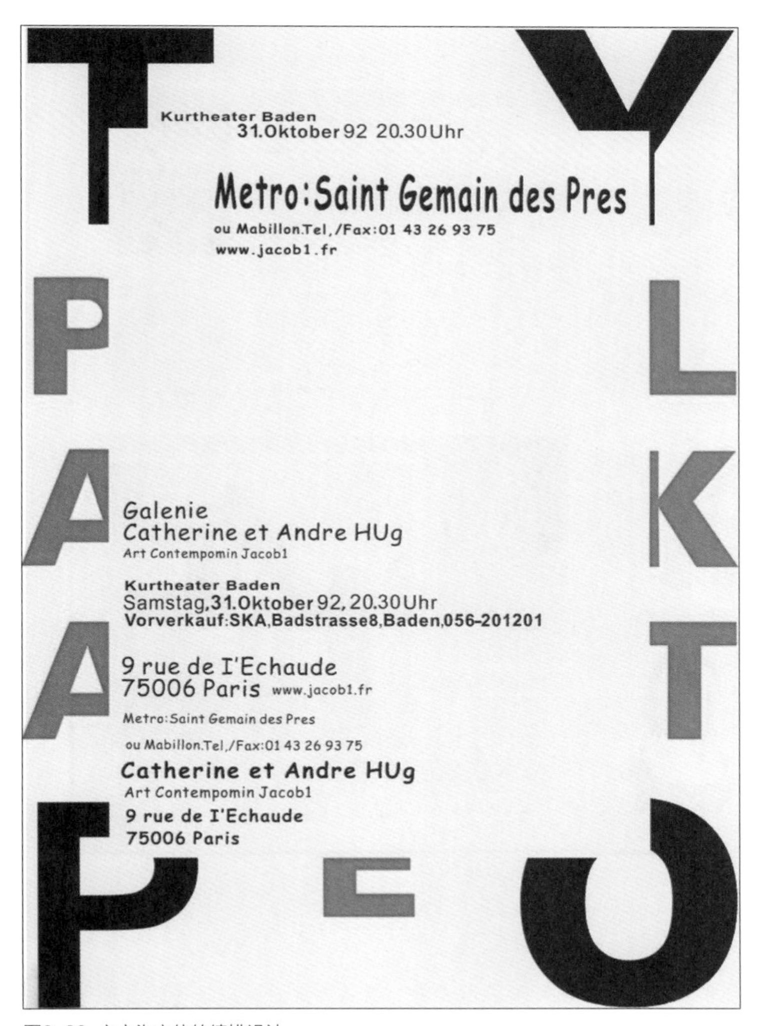

图2–28 文字为主体的编排设计

图2–30 强调图像内容的海报编排

图2–31 汽车宣传页面

在设计中应该为读者考虑哪些问题：

一、大标题：大标题的文字应与正文的字体区分开，否则会发生大标题不显眼问题。

二、小标题：进入正文前如果加入小标题的话，对读者选择性阅读会比较方便。

三、正文：正文的文字不应该太大或者太松散，否则会影响阅读。

四、带颜色的文字：我们在设计文字的时候，由于底色的影响，文字会不清楚。要适当选择使用带颜色的文字。

五、照片的大小：照片的大小应有主次，否则太过死板、没有节奏感。

六、图片的说明：图片必须配说明文字，这是一个原则。另外图片的说明文字不能太小，否则会给阅读带来问题（如图2–32和图2–33所示）。

图2-32 文字说明

图2-33 报纸排版

2.2.2 读者的阅读方式

读者在阅读的时候是不存在规则的、是非常自我的。在阅读的过程中，读者如果没有兴趣了就会把读物丢至一旁。即使是图文并茂的读物，读者也不一定会去阅读它。因为这是人们的视觉心理在作祟。所以在设计的时候要考虑到这一点，并且灵活地运用视觉心理或者是人体工程学的知识，不能仅凭自己的感觉来进行设计。

在编排的过程中不能没有强调的重点，分散的排版不能够吸引人的注意力。一个好的排版是可以让读者从任何的一个部分开始阅读，读过之后，如果觉着感兴趣，那么视线会自然而然地向旁边的文字转移。

2.2.3 传递信息

在精细排版的时候重要的就是传递信息。将版式的外观设计得再漂亮也不能取得良好的效果。所谓的效果就是指：广告中的销售量提升；活动通知中实际到场的人数。如果是网页，那么就看它的点击率是否提高。

所谓好的设计就是能够让人们行动起来的设计，这个实际行动指的就是信息，信息的充分传播就是版式设计。将信息有效地传达给读者是进行版式设计贯穿始终的基本要求（如图2−34和图2−35所示）。

图2-34 口红宣传

图2-35 咖啡馆的水晶台

图2-36是一份报纸的排版，该版面以文字的信息为主，以横线来间断划分。我们在看到这份报纸的时候，视线会自然地由上往下地阅读下一段的文字。这样内容便会被读者读完，信息也就大量地传播了出去。

Roots

ARK ANGELS

Chris Adrian's second novel follows the survivors of an apocalyptic flood.

Adrian's work is preoccupied with age-old questions ...why people die and whether anything lies beyond

RELIGIOUS EXPERIENCE

HIS MISTRUST

DRUIDS

SATANISTS

ATHEISTS

WICCANS

FAST FOOD.

图2-36 报纸设计

2.3 版式设计的三个基本原则

版式设计的处理方式包括三个基本原则。遵从这三个原则就能让读者清楚地了解到其中的内容，并且能清楚地阅读下去。

首先是“直观”。能够让读者一眼就看出其中的内容，人对不明确的东西永远不会在第一时间去接触。因此，报纸媒介就是这个称之为0.3秒内决定胜负的东西。

其次就是“易读”。是指在排版布局的时候，文字的大小、行距、布局要使人容易观看阅读（如图2-37和图2-38所示）。

Mummy Include

if you are really going to eat me, do it, I beg of youin good style. Throw me first over this precipice, so that my feathers may be strewn here and there, and that all han mine.' This idea pleased the fox, for he hd not yet forgiven the crofor depriving him of the young magpies so he carried the crow to the ee of the precipice and t

hrew him over, intending to go round by a path knew But no sooner had the fox let the crow go than he soaed up into the ai and hovering just out of teach of hisenemy's jaws, he cried with a laug:Ah, fox! you know well how to catch, but you cannot keep.'With his tail twee his legs

He did not know where to look for a dinner, as he guesed that the crowould have flown back before him, an put every one on their guard. Tnotion of going to bed upperless was very unpleasant to him, and he s wondring what in the world he should do.

han mine.' This idea pleased the fox, for he hd not ye the crofor depriving him of the young magpiesso he c crow to the ee of the precipice and threw him over, inter, as he guesed that the crowould have flown back bss was very unpleasant to him, and he s wondring wh world he should do.

that it was of no use struggling, so he said:Ah, brother if you are really going to eat me, do it, I beg of youin good style. Throw me first over this precipice, so that my feathers may be strewn here and there, and that all han mine.' This idea pleased the fox, for he hd not yet forgiven the crofor depriving him of the

图2-37 女性杂志的板式设计

图2-38 报纸

最后就是“美观”，设计中如果没有美的视觉效果就不能产生视觉冲击力，博得大家的关注。所以美感就是通过图片、配色上的一些处理与布局来实现（如图2−39～图2−42所示）。

图2−39 《MONOCLE》杂志

图2−40 简单的数字封面

图2−41 传统元素的封面设计

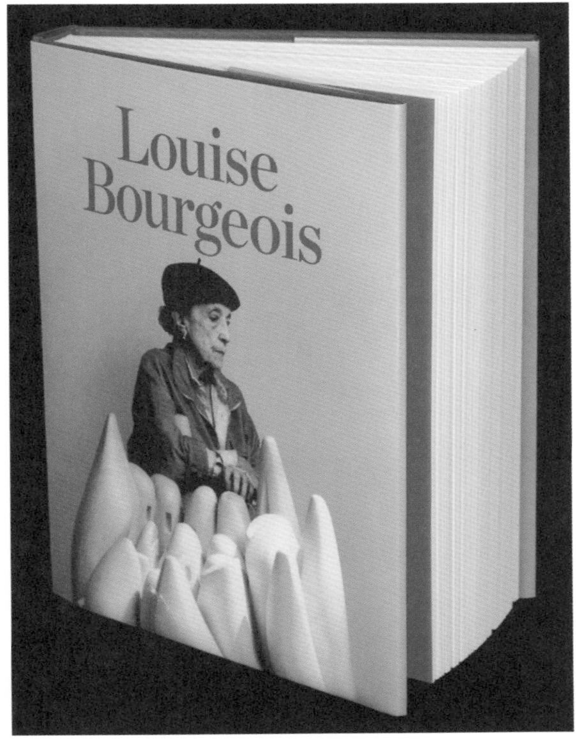

图2−42 书籍封面设计

2.3.1 直观性

所谓直观性，就是指在打开读物的瞬间，读者能够明确地明白画面中传达的是怎样的一个信息。如果读者看过内容之后还不知道所表达的究竟是什么，这就是不过关的。直观的版式设计来源于文字视觉形式。另外版式设计不能过于密集，要适当的留白。

在我们的现实生活中，大多数媒介都依赖于视觉。人们在获取信息的时候，有90%的人也是通过视觉来获取的。所以说我们在设计的时候要考虑到直观性。人们在第一瞬间就能判断出这个内容表达的是什么。如果感兴趣的话会继续阅读，如果不是自己需要的便会放弃阅读，这就是视觉心理的问题。为了吸引读者，我们须将版式设计为一望而知的形式。

2.3.2 易读性

从古至今，文字随着时代的发展其自身也渐渐有了形式的变化，因为文字始终都是鲜活的。

我们现在书写的机会逐渐减少，对文字的要求基本上就是易读。指的是文字的可读性很强，这不仅与文字的形体有关，还与文字的大小、字间距、行间距等要素密切相关。

在版式设计中，文字是不可缺少的。这些文字在安排的时候要以易读为原则。字体过小或者装饰太过、文字跳跃性穿插都是没有替读者考虑的设计结果。这些都是不易于阅读的版面形式。在设计中应考虑能够识别的最小字体是多少号。易于阅读的字距、行距是多少等等都要精心的加以考虑（如图2-43～图2-45所示）。

图2-43 双栏式书籍板式

那么在达到易读效果的时候应该注意哪几点呢？

一、首先要将文字对齐，为了将文字对齐，人们会使用对齐线，但是这种线出版时是看不到的。

二、视线流。这是人们眼睛会根据视觉心理而发生视线的流动。这是能够引导读者的视线。

三、要吸引读者还要有醒目的插图。能快速的捕捉人们的视线。

四、在食品的排版中要留下联系方式，因为最终的目的还是为了订购。另外logo的摆放与制作要让读者看一眼就能留下深刻的印象；排列文字时要仔细地调整文字之间的距离，不同的内容分开布置。

那么不容易识别的问题会由哪些因素引起的呢？总的来说就是“不统一”。例如：在一行文字中插入不同大小的文字，就会不便于阅读。文字的大小要一致，文字的字体也要一致，否则会给读者造成阅读不便，容易增加眼睛的负担，带来疲倦感；在文字排版上，可以有局部的松散，但是这样的处理方式不能使用太多，否则会使画面不具备紧张感。

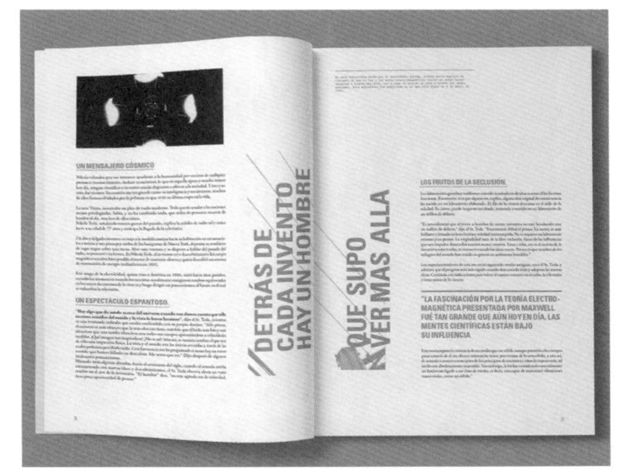

图2-44 单栏式书籍板式

图2-45 以人物形象为主的宣传单页

2.3.3 美观性

对于易懂、易读的追求是设计师在版式设计中需要花费精力的两大部分。而版式设计最后解决的便是如何将页面做得漂亮和美观。

漂亮的作品会给人带来美好的感受，这也是版式设计的使命所在。但是我们要在版式设计工作基本完成的时候才能考虑到美观的问题。为了实现这一点，我们要考虑到配色和元素的使用。美是由形式与色彩构造的（如图2—46～图2—48所示）。

图2-46 食品宣传海报

图2-47 创意元素

图2-48 以纯色为背景的宣传单

另外在进行版式设计时还要注意到页面的配色、空间的留白、内容量等问题。

例如：我们在版面设计中，采用白色作为底色时，必须要特别地注意留白空间的安排，充分利用白色本身所包含的洁净、纯真等心理的效果，在白色的背景上搭配上一些简单的颜色，使商家的海报显得简洁、精巧，具有品质（如图2-49所示）。

使用黑色、红色、白色，这样的搭配会显得时尚个性、简洁大方（如图2-50所示）。

美观不仅仅能够吸引读者，同时还能有让人头脑清醒的效果。美可以刺激人们的视觉并留下深刻的形象。既然我们都喜欢看到美的事物，那么版面设计当然也不能少了美观这个特征。

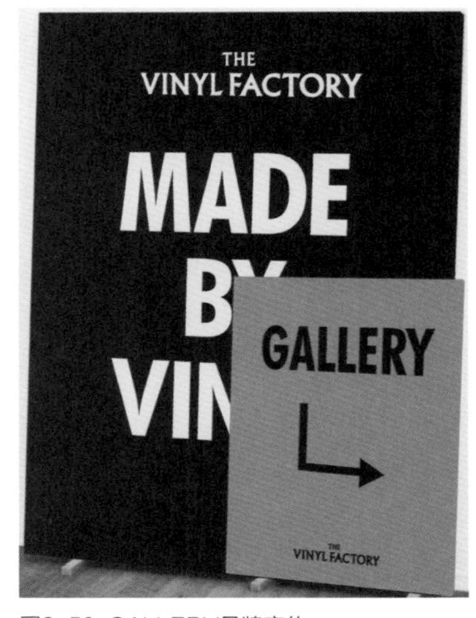

图2-50 GALLERY品牌宣传

图2-49 图文排列

2.4 从顾客角度来看版面设计

我们在设计版式的时候，要明白是为了谁在进行工作。我们不仅要为读者考虑，还要考虑到客户。这一节将从顾客的角度来进行设计。在顾客看来，阅读的信息应该顺畅，而且要易懂、漂亮、具有信息量（如图2−51～图2−54所示）。

2.4.1 看上去工整

如果不能顺畅的进行阅读，人就会感受到一种受迫感。版式设计不是仅凭感觉就能做好的。太过于个性化的版面会造成阅读上的不便。

图2−52 创意版面

图2−53 宣传册封面

图2−54 书籍正文编排

图2−51 咖啡茶馆宣传

如果版面不工整，或者字体过小，读者在阅读的时候就会产生不满。而且字过小的话会产生疲劳，不能集中注意力、不会留下深刻的印象。这样会让读者感觉不自在，从而信息传播的效率就会下降。

2.4.2 能够高效率的阅读

现在的人们工作繁忙、压力大，都是高效率的生活，整天都是急急忙忙的。这一点在网页传媒上看得就很清楚，人们在浏览网页的时候总是不停地切换。对于很难找到的内容，会马上将视线转移向别处。当然会有少数的人能将全部的内容阅读完。但设计师要考虑到大多数人的习惯并进行设计。

提高版面效率的方式有三点：整体效果清晰易懂；目标便于搜索；内容简洁明了便于记忆。这些是能够让人们在搜索内容时达到目的最有效方式。譬如，在介绍商品的时候，排版要突出商品的主要特征，展现其整体美。并且将其特点进行细致规划和介绍。这样能快速地让读者了解并接受（如图2—55～图2—58所示）。

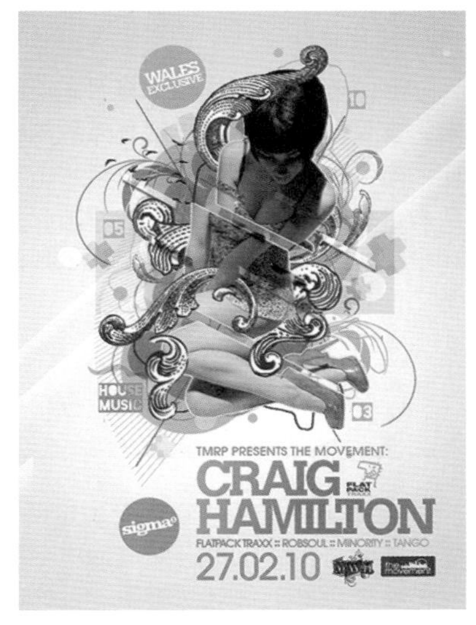

图2-56 城市宣传海报

图2-55 ADOBE宣传

图2-57 城市介绍宣传

图2-58 人物介绍宣传

2.4.3 读后留下深刻的印象

一个好的设计会给人强烈的视觉冲击力，以便于留下深刻的印象。在设计的时候即使是有强烈的视觉，但没有凸显版式设计，画面还是会有所减弱。例如在斜构图或者是三角形的空间结构中会给读者带来一些动感。这样的构图视觉冲击力会强，在这样的空间结构中插入文字，读者会对此进行细心的阅读（如图2—59和图2—60所示）。

如果没有留下深刻的影响，读者会下意识地避开阅读，这样就不能对信息进行全面的宣传。

2.4.4 从信息有所收获

读者会希望在读物中看到自己需要的信息资料。相反，他们不会对自己不需要、已经知道的内容产生阅读的欲望。客户的心理当时是希望自己的信息能够通过设计师的设计得到读者的阅读。尤其是自己觉着重要的信息会希望能够突出强调、认真对待。

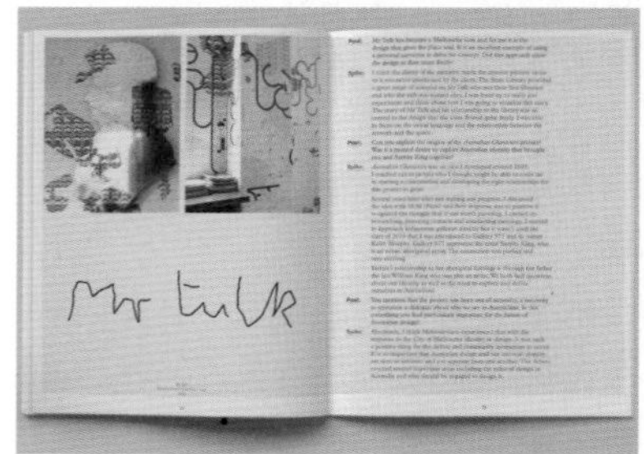

图2-59 书籍设计

图2-60 名片设计

本章小结及作业

版式设计是必须要有某种原因的，不能光凭着自己的感觉来做。所谓的原因就是一句话，就是能够说明问题的东西。用够这样的东西才会具有效果突出的版式设计。在版式设计中，流畅的信息才能准确快速地传达内容，这不仅仅是对读者的照顾，也是对客户的责任。

1.训练题

欣赏大师们的版式设计。

要求：以电子档存储图片，与同学分享。

2.课后作业题

找出你喜欢的版式设计并说出喜欢的原因。

要求：以文字格式说明你从作品中看到什么是最吸引你的，你最先接收到的信息内容是什么。

第 3 章

版式设计的要素

主要内容：

本章重点介绍版式设计的基本元素文字、配色、图片的应用方法以及所涉及到的留白、边框线、材料等的注意要点。

重点、难点：

掌握文字、颜色、图片在版式设计中的作用，如何巧妙灵活地运用。

学习目标：

让学生掌握版式设计中的不同元素的应用方法和技巧才能设计出优秀的作品。

3.1 文字——版面的声音

现在设计师在进行版面编排时大多会使用计算机软件来完成，在计算机系统中无论中文还是英文，可供使用的字体都是种类繁多，不同字库中的字体都有不同的风格。我们可以归类为传统的、现代的、个性的文字。字体对版面设计整体效果有很大的影响。设计文字的处理原则是方便阅读，无论选择哪种文字都要从这个基本点出发。

思考：如何编排出漂亮的中文版式

3.1.1 汉字的演变过程

中国的文字源远流长，博大精深，字体结构经过数千年不断创造、改进而成，有较强的规律性。它的演进过程大致是：图文–象形文字–甲骨–钟鼎–石鼓–古文–秦系–隶书–楷书–魏碑–草书–行书–宋体–仿宋体–黑体–圆黑体……

图画文字，象形文字。年代稍晚于半坡时期的一些陶器上所刻的象形符号。距今六千年至殷周时代，同图画差不多，是非常容易识别的文字。

甲骨文是我国最早的可识文字，是书写或篆刻在龟甲、兽骨上的卜辞，亦有少许的记事文。然而，它的发现却是近代史上的事，是在清光绪二十五年（1889年）由王懿荣发现的。据统计，已发现的甲骨文有十五万片以上，不重复的字约有四千五百多个，可识的约有一千五百字。这些字有用尖利的工具契刻，也有用类似毛笔所写的墨书或朱书文字。笔画瘦硬方直，线条无论粗线都显得迴劲而有立体感，表现出契刻者运刀如笔的娴熟技巧。书法风格也随着时期的不同而迴异，或纤细谨密，或草率粗放。甲骨文已具备“六书”（象形、会意、指事、假借、转注、形声）的汉字构造法则。甲骨文已包含着书法艺术的诸多因素，从其点画、结字、行气、章法来看，浑然一体又富于变化，体现了商代人的艺术技巧和艺术修养（如图3–1和图3–2所示）。

图3–1 甲骨文

图3–2 甲骨文列表

金文也叫钟鼎文，比甲骨文稍晚出现。西周是青铜器的时代，青铜器的礼器以鼎为代表，乐器以钟为代表，“钟鼎”是青铜器的代名词。所以，钟鼎文或金文就是指铸在或刻在青铜器上的铭文（如图3–3和图3–4所示）。

石鼓文。唐代发现周秦刻在石鼓上的文字，现存故宫，是中国历史上现存最早的刻石文字。石鼓文已不再像甲骨、金文那样，写的字大小平均，有雄浑厚朴的大度之气（如图3–5所示）。

古文。汉代发现藏于孔子宅中墙壁内的经传和春秋左氏传中的文字叫作古文。

秦篆包括大篆、小篆。大篆是周宣王时对古文字整理之后的一种文字，因经史籍之手，故又称“籀文”，是秦始皇吞并六国，统一天下，大臣上奏所用的文字（如图3–6所示）。

大篆是钟鼎文、石鼓、古文、秦篆的统称。字体粗犷有力，厚重古朴，行文已趋向线条化，规范化。大篆是秦代以前通用的一种文字。大篆是由甲骨文演变而来的，所以很多字与甲骨文很相似。

小篆当以秦刻石为代表，字体均圆整齐，上紧下松，布白匀称，带有图案的装饰美。据《史记秦始皇本纪》言：秦始皇曾经在东巡中立了六块碑刻。今所存者仅《泰山石刻》、《琅琊石刻》两种。秦刻石传为李斯所书。

隶书是由篆书简化演变而来的，为了简捷速写，变篆书圆转的笔划为方折的笔划，汉代盛兴，后世学隶书以汉碑为典范，用笔方中有圆的变化，端庄古雅，左右舒展，有均衡美。

隶书的重要特点是笔画平直、结构方正，几种笔画较为固定，为汉字书写定位不变的形态。再有就是改造合体字的偏旁，并使它固定统一。这样就使得隶书较篆书易记、易写，适应了时代日益发展的要求。

隶书的定型也有自己的发展过程。从大的方面说，隶书有秦隶和汉隶的区别。秦隶的形体，从出土文物中的权，量器的诏版上还可以看到一些特点。这时隶书结体还是纵势长方的，字的大小不拘。有人称此隶为"古隶"，西汉初期仍沿用这种字体。

隶书随着时代而逐渐改变，到了东汉，形成了定型的汉隶。特别是到了汉恒帝、灵帝时期（公元174年～189年），汉隶达到鼎盛时期。汉隶定型的字体，主要是指此时期的字迹。

定型的隶书在书法上形成了自己的风格。在用笔上方、圆兼用，藏锋、露锋诸法具备；在笔画形态上出现了蚕头燕尾的特点，长横画有蚕头，有波势，有仰俯，有桀尾；体势上，由纵势变为正方，又变为扁方的横式；结构上，中观紧收，笔画向左右开展，呈左右对称的"八字形"，固有汉隶"八分"的说法。

隶书从用笔到结字所形成的风格，既庄严严整，又变化多姿。这种字体，上乘篆和古隶，下启楷书，用笔通行、草。所以隶书在书法上有继往开来的重要地位。

图3-3 钟鼎文

猶豫不決。我不知道
是不是因爲塔羅牌
的關係。現在，我變
得的患得患失，我真
不知道該怎麼辦了。
自己的身體也出了
很多問題，也不知道
他們現在怎麼樣了。
唉，塔羅牌給我的建

图3-4 钟鼎文

图3-5 石鼓文

图3-6 秦篆

所谓"碑"，在古时是宫、庙门观测日影及拴牲口的长方形石头，秦代在石头上镌刻文字，作为纪念物或标记，或刻文告等，秦代称为"刻石"，汉代以后即称"碑"。

魏碑，魏碑拓片。指北魏时期的石刻，是汉字由隶书向楷书的演变过程中产生的，表现了艺术上大胆的革新精神和杰出的创造才能。特点：品类繁多、风格各异（如图3–7和图3–8所示）。

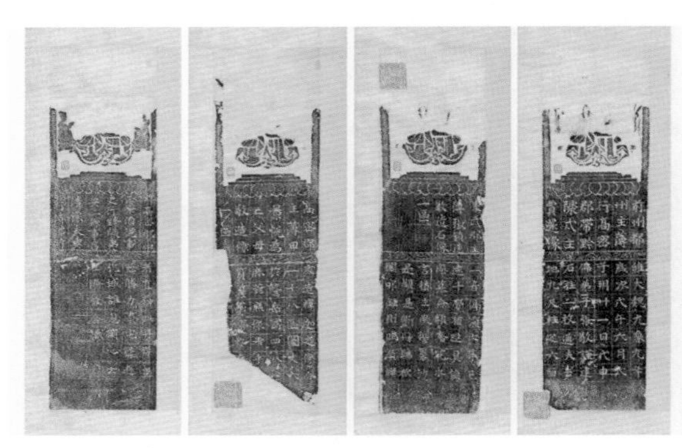

图3-7 魏碑拓片

图3-8 魏碑拓片

楷书又称正书，或称真书。因是字体的楷模所以叫楷书，标准，正规又叫正楷（如图3–9所示）。西汉开始萌芽，经过东汉，唐朝兴盛。一千多年来唐楷一直做为汉字的标准字体。特点：形体方正，笔划平直，规矩严谨，丰满秀丽。

唐代的楷书，亦如唐代国势的兴盛局面，真所谓空前。书体成熟、书家辈出，在楷书方面，唐初的虞世南、欧阳询、诸逐良、中唐的颜真卿、晚唐的柳公权，其楷书作品均为后世所重，奉为习字的模范。

草书，有大篆、小篆、古隶、金隶的草书。草书专门发展成一个具有特色的字体是从汉代开始的，由汉至唐是一度极盛的时期，形成了章草，今草，狂草和行草。它既具有自身的规律，又能抒发自我的情怀。今草是草书的主体，其笔势连绵回绕，点画相连，态势飞动，一气呵成。特点：节奏强烈，行云流水（如图3–10所示）。

图3-10 草书

行书，产生于汉末，介于楷书和草书之间的字体，兼有楷书字形易识，又兼草书书写快捷之长，所以至今与楷书一样成为常用字体。王羲之被尊为〞书圣〞。其特点：行笔劲速，节奏轻快，点画流动，用笔活泼。

宋体，北宋的毕升发明了活字印刷，刻字在楷书的基础上产生了一种横轻直重，阅读醒目的印刷体，后称宋体。到了明宋代演变为笔划横细竖粗，字形方正的明体。当时民间流行一种横划很细，

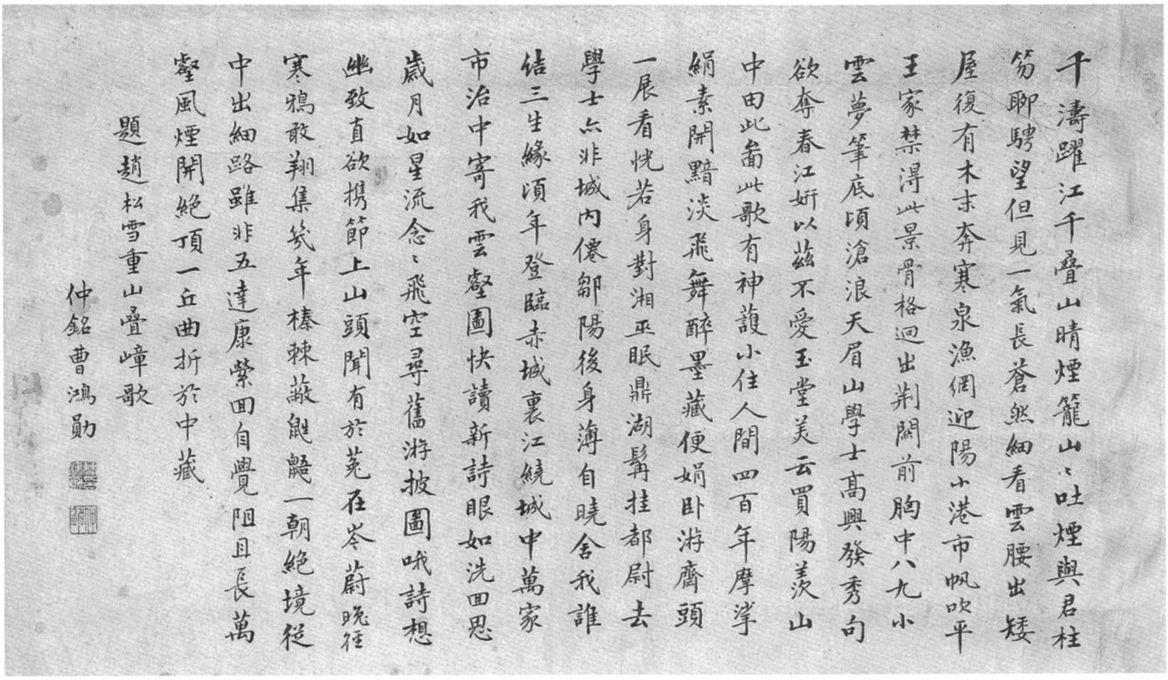

图3-9 楷书

而竖划特别粗壮，字体扁扁的洪武体，如职官的街牌、灯笼、告示等都采用这种字体，特点：横细竖粗、撇如刀、点如瓜子、捺如扫、笔划严谨，带有装饰性的点线，字形方正典雅，严肃大方，是美术字体之首（如图3–11所示）。

仿宋体，出现了笔划粗细一致，讲究顿笔，挺拔秀丽，适合手写字体的宋体，当时称为新宋，宋体又称为老宋，是现代宋体的一种。特点：字身修长、宋楷结合、横斜竖直、粗细一样、间隔均匀（如图3–12所示）。

黑体，清末萌芽并于1957年简化字体后定形。笔划横平竖直，粗细一致，笔划较粗，方头方尾形成方黑一体而得名，又称方体。特点：由宋体结构，笔划单纯，相互大方，醒目粗壮（如图3–13所示）。

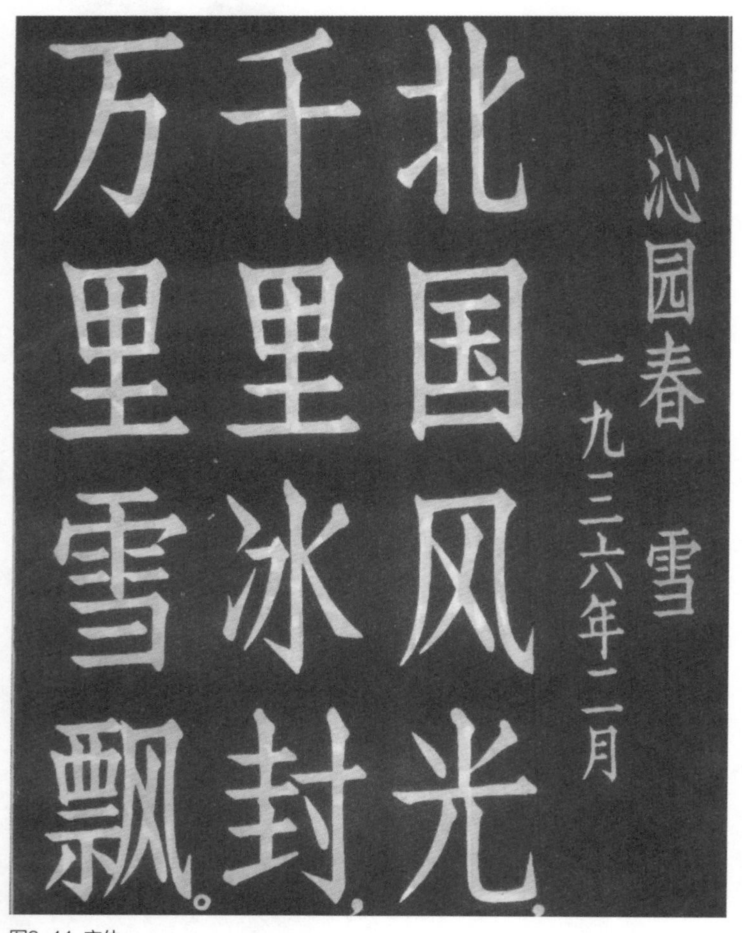

图3–11 宋体

图3–12 仿宋体

图3–13 黑体

圆黑体，由黑体演变而来，方角变圆角，方头变圆头，点、撇、捺、勾略带弧，并稍加长。笔画的方粗和粗圆，虽然字形一样，所取得的效果却各异。粗方是厚重平板之感；粗圆呈厚重而灵活的格调。因此，印刷术上出现了圆黑体，具有较强的冲击力，给人圆润活泼之效果。

3.1.2 中文中常用字体

中文字体种类繁多，并不断出现新的字体，但是，字体必须根据整体的设计来选择，如正文字体的选择通常以传统字体和现代字体为主，如宋体、仿宋、细线体等，标题文字可以选择老宋体、行楷、黑体，宋体、楷体等。个性化的字体能够吸引人们的注意，但是大量使用也会影响阅读效果（如图3—14和图3—15所示）。

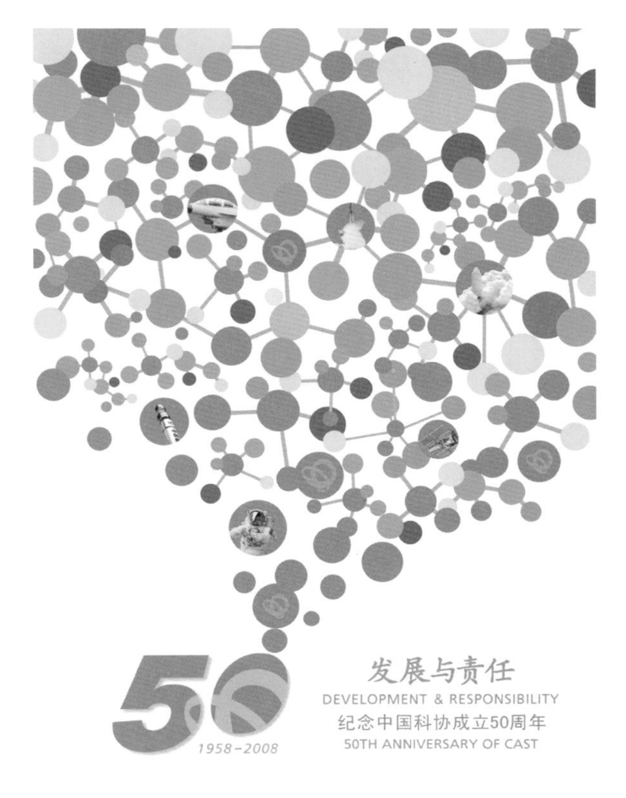

图3-14 《纪念中国科协成立50周年》海报

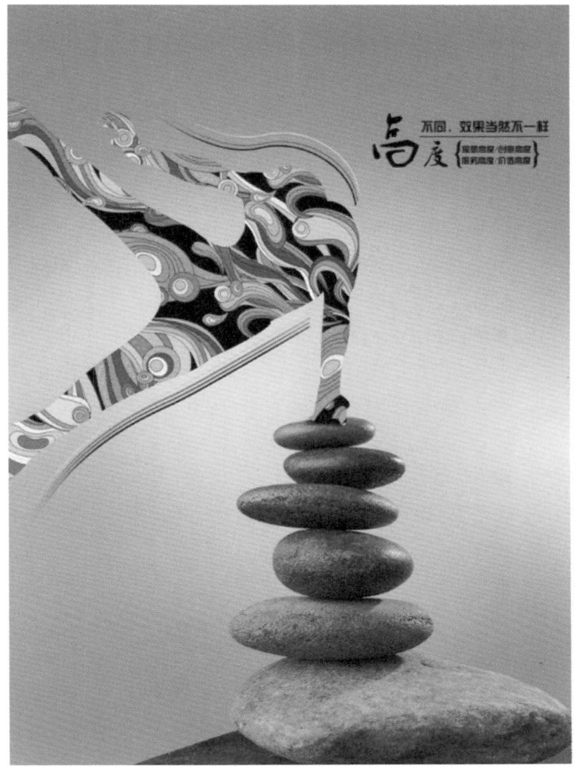

图3-15 《高度》海报

传统字体：

设计 设计 设计 设计

个性化的字体：

设计 設計 设计 设计

另外在文字编排的过程中要注意字体的大小，不论是什么字体标题与正文的变化要明显，缺乏变化的版面会使读者犯困，不利于阅读。改变版面文字的大小，可以起到醒目的作用，刺激读者阅读的欲望。另外这样的版面看起来也会很有条理，内容主次明确。

在文字的排版中有几个注意点：

一、排版的时候要注意文字大小的跳动不要太大。因为文字跳动太大不利于读者直接阅读正文，会产生视觉疲劳。

二、另外在断开文字的时候，只能在有句点的地方才可以断开，这样才能易于读者阅读完整的内容。

三、文字中不能留有太多的空白，这样会影响版式整体的美感。

四、至少要放两条完整的句子在文字断开的上方，这可以确保避免文字中呈现“楼梯”现象。如不注意构成的空白方格形，会造成画面不美观。

五：注意最后一行不要以一个字或者一个词收尾，还有就是在一页的上方不要留下上一页收尾的一句话。

3.1.3 最常用的英文字体

英文字体的种类也很繁多，变化也十分丰富。因其形态特征和艺术的加工手法，英文字母具有很好的装饰作用，同时也一样具有易读性(如图3–16和图3–17所示)。下面介绍在英文中最常用的六种字体：

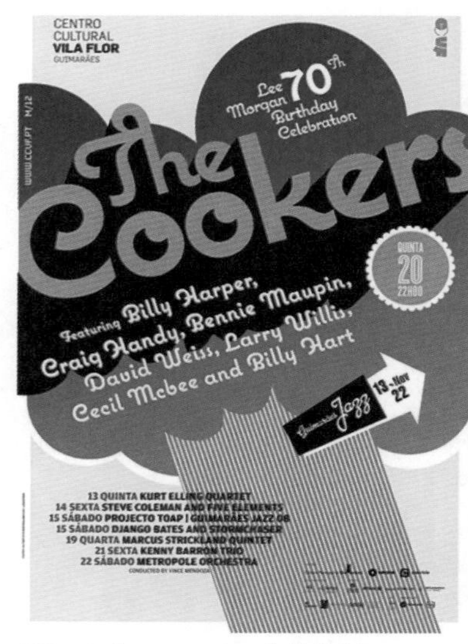

图3-16《The Cookers》单曲介绍

- Helvetica：是世界上最著名的流行字体之一，它看起来简练、清晰、干净，凭借着这些特征领导了一股易懂、清楚而快速的阅读潮流。Helvetica字体家族已经成了很多数字印刷机和操作系统中不可缺少的一部分。在现代很多电子产品的标志都使用Helvetica字体，例如三星、英特尔、松下等（如图3–18和图3–19所示）。
- Garamond：是个用途很广泛的字体，在国外，一些高级餐厅的餐单会使用到它，这种文字的易读性非常高，而且适合大量且长时间阅读，所以西方文学著作常用Garamond来进行编辑。
- Frutiger：由瑞士设计师Adrian Frutiger设计。它长字母的上升下延部分非常突出，而且间隔较宽，因此很容易与其他字母区分。
- Bodoni：以出版印刷之王 Giambattista Bodoni （1740年–1813年）的名字命名。Bodoni字体给人以浪漫而优雅的感觉，用在标题和广告上可以为其增添美感。
- Didot：该字体并不是在所有的字号大小中看起来都很好。在每一个范围的字号段内，Didot的笔画粗细都需要做专门的调整。Didot保留着传统古罗马字体的经典衬线，又拥有现代风格的锋利切角，极其适合时尚杂志的封面大字和标题字体。这种字体引领着时尚，并逐渐成为了优雅、成熟和时尚的代表。
- Zapfino：有花体之神的称号，是由德国字体设计师赫尔曼·察普夫在1998年为Linotype公司设计的。它属于细文手写字体。作为一个字体，它极大丰富拓展了连字和字符变体（比如，小写字母d有9种变体）。

图3-17 音乐会宣传海报

图3-18 松下logo

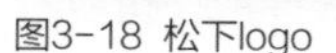

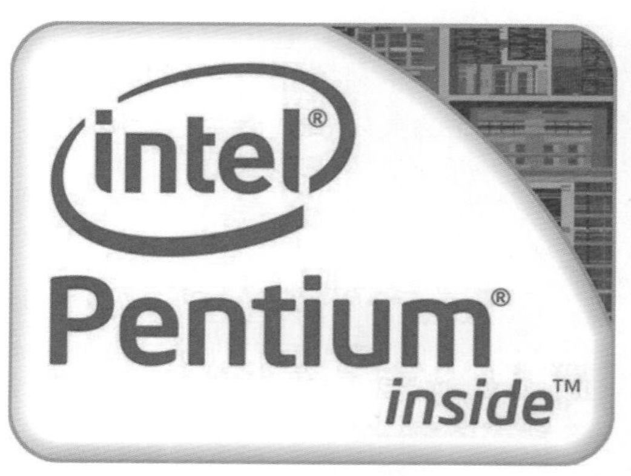

图3-19 intel logo

3.1.4 文字排列的形式

垂直与水平方向排列的文字稳重、平静，倾斜的文字动感强，通过不同文字方向的编排组合，可以产生十分丰富的变化（如图3–20和图3–21所示）。

主要的方式有：

- 齐头散尾：齐头散尾的文字有明确的方向性，可以起到视觉指引的作用。但此排列法不适用于大量的文字。根据版面设计形式需要决定左对齐和右对齐。图3–20是属于右对齐的，齐头散尾方式，会使阅读很吃力。
- 左对齐段落法：这是最常见的文章排法，符合人的阅读习惯。但是要注意的是：段落中每行文字不宜过长，否则换行阅读是很吃力的，应利用版面分栏控制大篇幅文字的段落宽度。
- 中轴对称法：这种排法经常用于对称构图的版面，以保持形式上的统一。
- 齐头齐尾：齐头齐尾的文字如同规范的几何形体，最具规整性。
- 提示法：通过首字母放大、前缀指引符、字符加粗、加框、下划线等方式，将所要突出的文字段、行、组、词、字表示出来，引起重视。在报刊广告设计中常用于广告文比较重要、需要强调的部分。
- 文字绕图：弥补图形造成的版面空缺，文字与图保持一定间距并自动绕行。
- 曲线排列：曲线排列的文字优美而有流动感，但这种排法适用场合较少，一般是为了与版面的曲线构图保持一致的形式美感。此种排法亦不适用于大量的文字。

图3–20 文字右对齐排列

课堂实践：宣传单页设计

图3–21 文字排列

3.2 图像——版面的眼睛

思考：比较两张名片，哪张名片更引人注意？

3.2.1 图形

图形可以理解为除摄影以外的一切图和形。图形以其独特的想象力、创造力及超现实的自由构造，在排版设计中展示着独特的视觉魅力。在国外，图形设计师已成为一种专门的职业。图形设计师的社会地位已伴随图形表达形式所起的社会作用，日益被人们所认同。今天，图形设计师已不再满足或停留在手绘的技巧上，电脑新科技为图形设计师们提供了广阔的表演舞台，促使图形的视觉语言变得更加丰富多彩（如图3–22～图3–27所示）。

图3–23 以图片为主的书籍封面

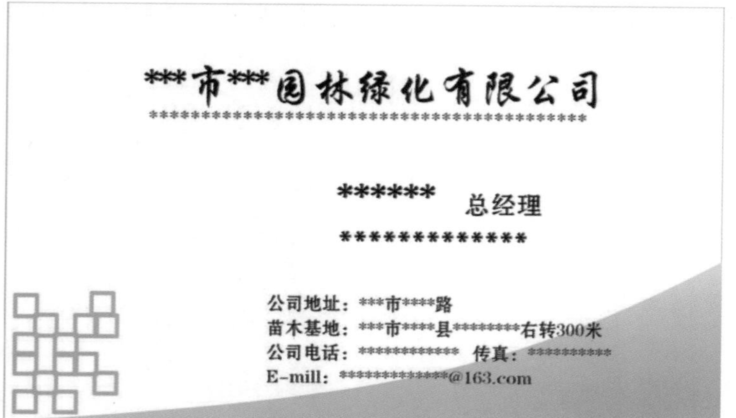

图3–22 名片对比

图3–24 图文结合型海报

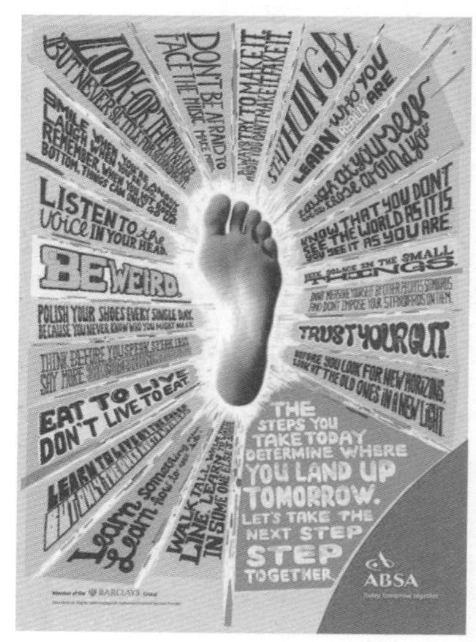

图3–25 放射型海报

图3-26 创意文字的海报设计

图3-27 线条与文字组合的海报设计

图3-28 简洁性图形

3.2.2 图形的特征

图形主要具有以下特征：简洁性、夸张性、具象性、抽象性、符号性、文字性（如图3—28～图3—31所示）。

1. 简洁性

图形在排版设计中最直接的效果就是简洁明了，主题突出。

2. 夸张性

夸张是设计师最常借用的一种表现手法，它将对象中的特殊和个性中美的方面进行明显地夸大，并凭借于想象，充分扩大事物的特征，造成新奇变幻的版面情趣，以此来加强版面的艺术感染力，从而加速信息传达的时效。

图3-29 夸张性海报

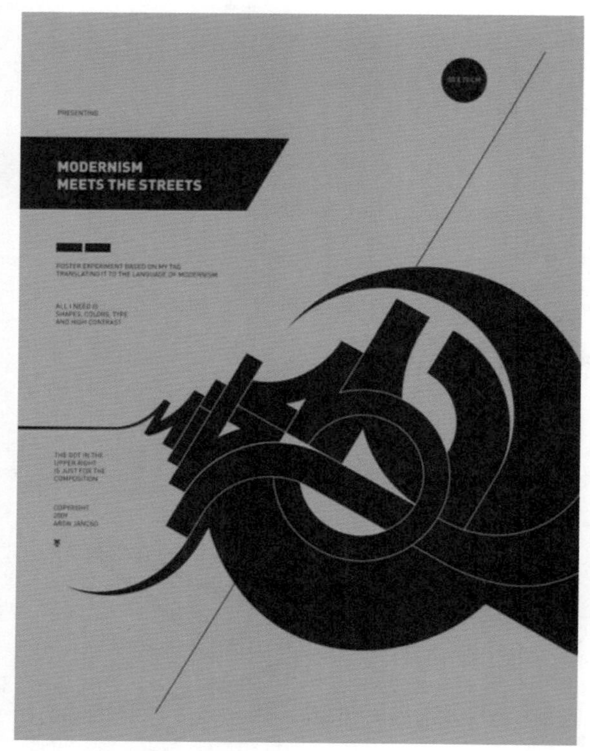

图3-30 符号性海报设计

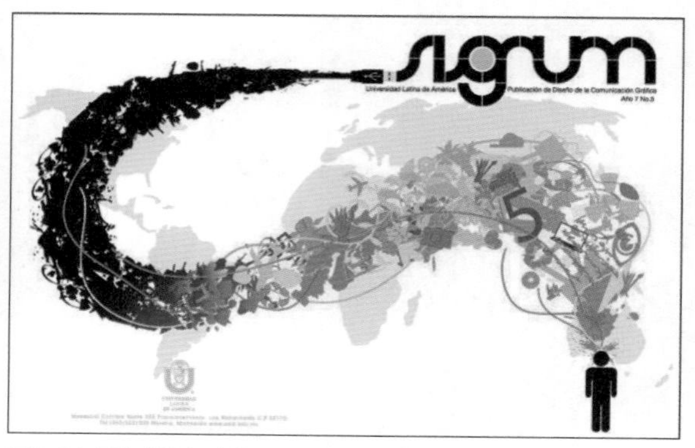

图3-31 具象性海报宣传

3. 具象性

具象性图形最大的特点在于真实地反映自然形态的美。在以人物、动物、植物、矿物或自然环境为元素的造型中，以写实性与装饰性相结合，令人产生具体清晰、亲切生动和信任感，以反映事物的内涵和自身的艺术性去吸引和感染读者，使版面构成一目了然，深得读者尤其是儿童读者的广泛喜爱（如图3—31所示）。

4. 抽象性

抽象性图形以简洁单纯而又鲜明的特征为主要特色。它运用几何形的点、线、面及圆、方、三角等形状来构成，是规律的概括与提炼。所谓“言有尽而意无穷”，就是利用有限的形式语言所营造的空间意境，然后让读者用想象力去填补、去联想、去体味。这种简炼精美的图形为现代人们所喜闻乐见，其表现的前景是广阔的、深远的、无限的，而构成的版面更具有时代特色（如图3—32所示）。

图3-32 抽象性海报设计

5. 符号性

在排版设计中，图形符号性最具代表性（如图3-33所示），它是人们把信息与某种事物相关联，然后再通过视觉感知其代表一定的事物。当这种对象被公众认同时，便成为代表这个事物的图形符号。如国徽是一种符号，它是一个国家的象征。图形符号在排版设计中具有简洁，醒目，变化多端的视觉体验。它有以下两个特性。

- 符号的象征性：运用感性、含蓄、隐喻的符号，暗示和启发人们产生联想，揭示着情感内容和思想观念。
- 符号的形象性：以具体清晰的符号去表现版面内容，图形符号与内容的传达往往是相一致的，也就是说它与事物的本质联为一体。

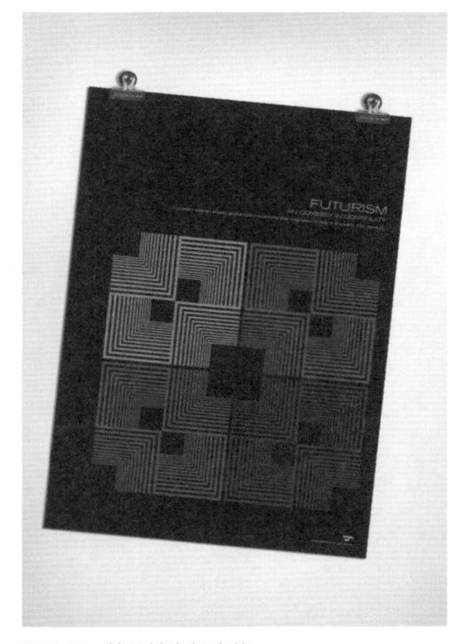

图3-33 符号性海报宣传

6. 指示性

顾名思义，这是一种命令、传达、指示性的符号。在版面构成中，经常采用此种形式，以此引领、诱导读者的视线，沿着设计师的视线流程进行阅读。

7. 文字性

文字的图形化特征，历来是设计师们乐此不疲的创作素材。中国历来讲究书画同源。其文字本身就具有图形之美而达到艺术境界。以图造字早在上古时期的甲骨文就开始了。至今其文字结构依然符合图形审美的构成原则。世界上的文字也不外乎象形和符号等形式。所以说，要从文字中发现可组成图形的因素实在是一件轻而易举之事。它包含有图形文字和文字图形的双层意义（如图3-34所示）。

图3-34 图形文字

（1）图形文字

图形文字是指将文字用图形的形式来处理构成版面。这种版式在版面构成中占有重要的地位。运用重叠、放射、变形等形式在视觉上产生特殊效果，给图形文字开辟了一个新的设计领域（如图3-35、图3-36和图3-37所示）。

图3-35 鞋子的宣传

图3-36 时尚杂志封面

图3-37 创意文字性海报

（2）文字图形

文字图形，就是将文字作为最基本单位的点、线、面并出现在设计中，使其成为排版设计的一部分，甚至整体达到图文并茂、别具一格的版面构成形式。这是一种极具趣味的构成方式，往往能起到活跃人们视线、产生生动妙趣的效果（如图3-38所示）。

图3-38 文字图形

3.2.3 摄影图像

随着信息时代的发展，图像成了更快捷、更直接、更形象的信息传递方式。图像是版式设计中必不可少的一部分，它可以和多种元素共同使用，使图像的视觉效果大幅度提高（如图3-39～图3-41所示）。

摄影的诞生为设计师提高了不少丰富的表现力和视觉手法，可以从摄影素材中获得灵感激情。摄影的数码化为设计打开了新的窗口，那么怎么合理地利用照片，是我们需要不断学习积累的。

图3-40 以摄影为素材的宣传画

知识链接：摄影图像的术语

1. 出血图

"出血"是印刷上的用语，是指画面充满、延伸到了印刷品的边缘。在版面设计部分中运用出血图会让设计具有向外扩张、自由、舒展的感觉。这样的设计具有感染力，能与读者进行近距离的心理交流。这样的设计，图片的质量要求一定要高。

图3-41 元素合成的海报

图3-39 舞者的宣传页面

2. 退底

退底，简单说是去掉照片中的背景，独留主体形象的一种办法。这种方法便于灵活运用主体的形象，便于应用的更广泛，也为设计画面带来更多的空间。如果你设计的书籍需具有活力、生动、有情趣，那么退底照片元素是个很不错的想法，而且可以结合文字达到整体的视觉效果。

3. 合成

现在我们对图片处理的软件有Photoshop软件，其功能强大。可以利用设计的理念来处理你想要的图片效果（如图3—42所示）。

4. 拼贴

拼贴也可以说是剪贴，是将完整的图片进行裁剪，然后打散来重新设计，从设计的角度来对其进行组合、错叠。这样的设计具有不稳定和错乱的强烈视觉冲击效果。

5. 质感、特效

为照片添加不一样的效果，可以用做旧、破损、烧焦等来表现颓废陈旧的感觉，也可以通过光线带来梦幻的感觉，还可以通过强化图片的影像颗粒，使画面具有胶片记录的真实感等（如图3—43～图3—45所示）。

图3-43 退底的图片设计

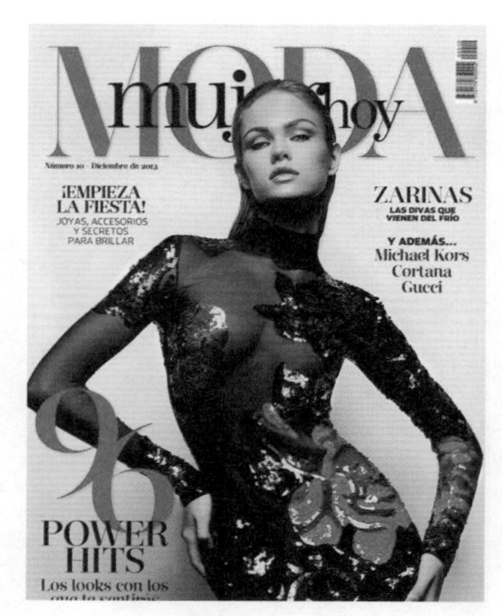

图3-44 照片退底应用

图3-42 图片特效制作

图3-45 人物特效制作

3.2.4 图像的裁切

在版式设计上图像的剪裁关系到排版的设计，有的时候图像会被整张的使用，但是有的时候会使用图像中的一部分。这个时候会将其余的部分去除，这种做法叫作裁切（如图3－46～图3－49所示）。

在裁切的时候，设计者必须知道自己传达的内容是什么，在考虑充分之后再进行裁切。为了能熟练地裁切图片，设计师需要查看相关的图像和绘画才能处理得到位。在处理图像的时候应该注意几点：

一、尺寸：在裁切图像的时候要了解图像的尺寸以及需要的尺寸才能裁切得到位。

二、比例：不管图像的裁切大小，都要保证人物或者景物的比例准确。

三、简化：就是去除不相关的东西，找准你需要的部分，突显主角。

四、调整角度：我们日常照相的时候，图像会有些倾斜，这个时候我们可以做一些适当的调整后再进行裁切。或许也可以将原本平常的角度进行大幅度调整，使得一张平静的图像充满活力。

图3-46 图像撕裂效果

图3-47 阿迪达斯宣传画

图3-48 蔬菜创意图像

图3-49 家居生活宣传画

五、裁切物品的特征：单个的物品摆放会显得呆板、没有生机，可以适当地裁切它的局部，达到不一样的视觉冲击效果（如图3–50所示）。

六、方形版式与切除边框：我们在找单个物品的时候会有一定的背景，找出的照片也自然而然的是矩形的。这样的照片好处理、也方便使用。但是还有一种方法就是切除边框。去除边框的图像物品会更加引人关注（如图3–51所示）。

图3-50 实物的宣传广告

图3-51 指甲油的宣传海报

3.3 空间的处理

3.3.1 空间的留白

我们经常见到一些绘画大师的水墨画中留有一些空白，它能够让整个作品、章法看起来更加协调、精美并且富有想象空间。达到一种“此时无声胜有声”的境界。在设计领域当中也会使用“留白”的手法，设计中“留白”是作为必不可少的一种空间来考虑的，这种空间能够使画面的整体感得到平衡。

那么什么是“留白”呢？留白的意思就是在作品中留下相应的空白。留白的版块是没有颜色、形状和文字的，因此称之为“留白”。但是留白的部分要与主题相邻，并且要小于主题所占的面积。

留白的版面能给人带来一种舒适感。在视觉上不会显得太拥挤。如果版面中图片与文字大面积的部署，首先会让人觉着不舒服，另外看起来会不明确，给读者造成压迫感，甚至停止阅读。这种情况下可以适当地利用“留白”来缓解空间的压迫感。使得版面中的文字与图片不会混在一起，让版面看起来整洁，有条理，便于阅读，并且可以很好地突出重点（如图3-52～图3-54所示）。

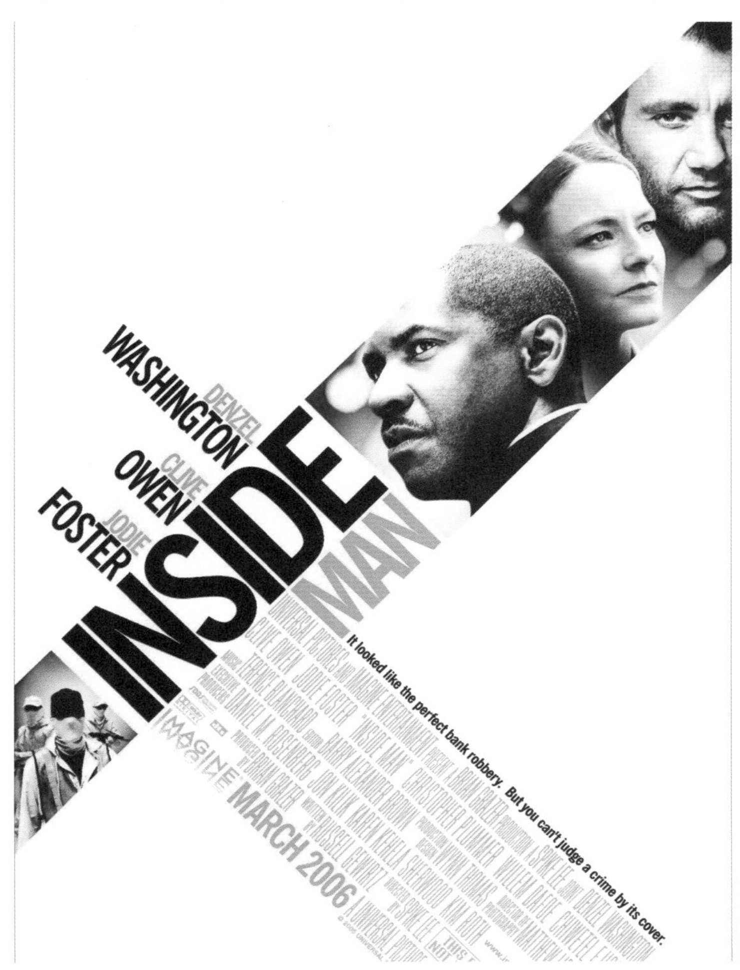

图3-52 大量留白设计的海报宣传

图3-53 戏剧宣传

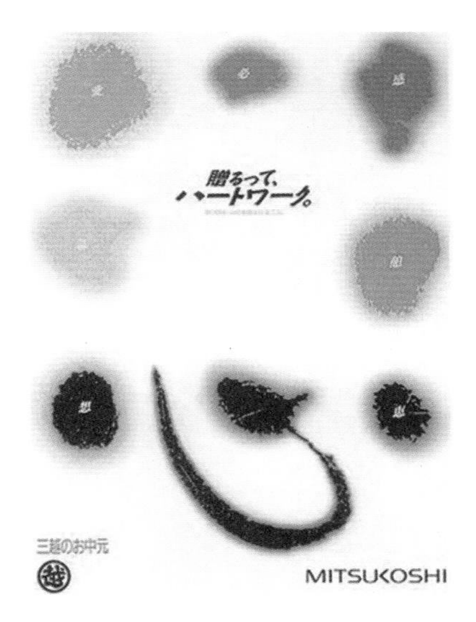

图3-54 巧妙留白的海报设计

3.3.2 空间的平衡与紧张

在版式设计中空间的把握是基本工作，在视觉上要给人一种平衡感。那么，为什么要制造这种平衡感呢？

在视觉取得平衡感的同时会产生紧张感。而这种紧张感会给人产生一种视觉的冲击力，而这种冲击力会打动读者的心，让读者注意并且接受信息（如图3—55～图3—58所示）。

但事实上能够说清楚这种视觉上的平衡感是很难的。无论是颜色还是形状都会给人造成一种视觉上的重量。而这种重量就是评价画面平衡感的关键。画面的左右、上下都存在一种平衡，而视觉上的平衡与物理上的平衡是有一定关系的。在两边物体相等重量的时候两者的中间就是支点。但是如果其中一方偏重的话，我们就要改变支点来使画面平衡。图3—55的画面虽然下方的元素比较多、但是设计者通过颜色的渐变使得画面保持平衡，让画面的整体感统一。另外，在这个稳定感的画面中，黑色衣服的小女孩打破了画面的平静，格外显眼，使人产生一种视觉愉悦感。

图3-55 服装设计海报

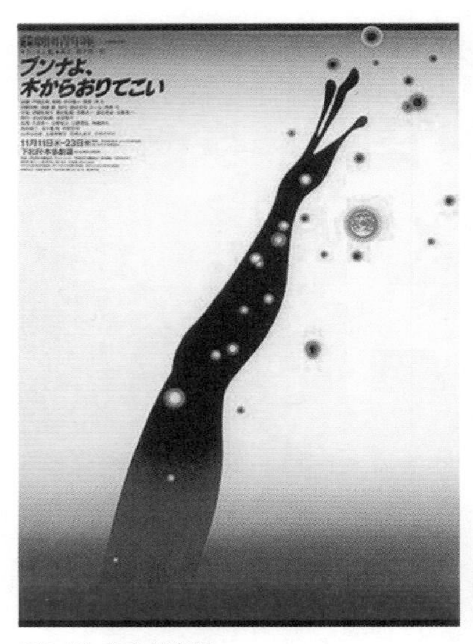

图3-56 抽象性海报

图3-57 啤酒的宣传广告

图3-58 冰淇淋的宣传海报

3.4 颜色——版面的表情

在版式设计中，颜色的搭配很重要。甚至有的时候最终的版面效果就是由颜色来决定的，如果没有基本配色的概念，设计者在设计颜色搭配的时候就会觉得十分困难。

实际上只要了解颜色的基本配色规律和性质，配色就没有那么的困难了。在色彩中鲜亮的颜色显得年轻具有活力、而深暗的颜色具有古典的韵味、暖色显得比较温暖，冷色系会显得比较理性等（如图3-59～图3-62所示）。下面我们来具体了解一下版面中的颜色。

3.4.1 色彩的性质

人们在欣赏一幅平面设计作品时的第一印象是通过色彩产生的，而第一印象往往会最鲜明也最容易留存在记忆中。因此在进行设计的时候，熟悉色彩的性质，对设计出吸引人们眼球的作品有很大的帮助，色彩拥有能够引起冷暖、软硬、轻重以及前进后退等心理效果的性质，并且可以通过混色和配色来达到物理性的效果。例

图3-60 双色利用的海报设计

图3-59 以三原色为主的海报

图3-61 以白色突出内容的宣传页

图3-62 纯色与文字的结合利用

如，通过明暗对比强烈的色彩搭配，可以让人在平面的画面构成中感觉到具有远近分别的纵深感。这是大脑基于过去积累的信息，会觉得明亮的东西靠前，并做出的相应判断。

色彩和意象：设计工作中，意象是一切的根本。为将意象表现出来，色彩是不可或缺的，且色彩和意象有着密不可分的关系。一旦用语言决定了意象，就可以立刻找到与意象相符的配色。人们能认识到不同的色彩有其独特的意向，这是构成人类遗传基因的本能，以及个体出生后通过学习感知的民族文化因素相互作用的结果。色彩的意象在选择色彩、提出方案的时候显得尤为重要。需要注意的是，同一个色彩，由于亮度与饱和度的不同，会导致所联想到的自然事物也有所区别，意象的事物甚至会有南辕北辙的差别（如图3–63～图3–65所示）。

3.4.2 相对的性质

色彩的性质在对比中会显得更加鲜明，也就是说，色彩的性质不是绝对的，而是相对的。

1. 色彩的空间性质

要在平面设计中表现三维立体感，除了构图的技巧外，巧妙的利用色彩的空间感，也可以轻松地在二

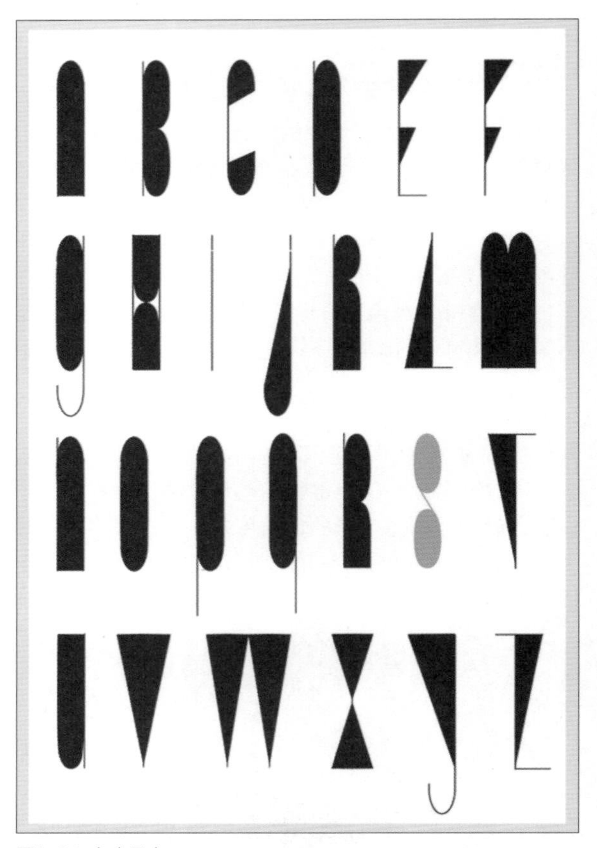

图3–64 白底黑字

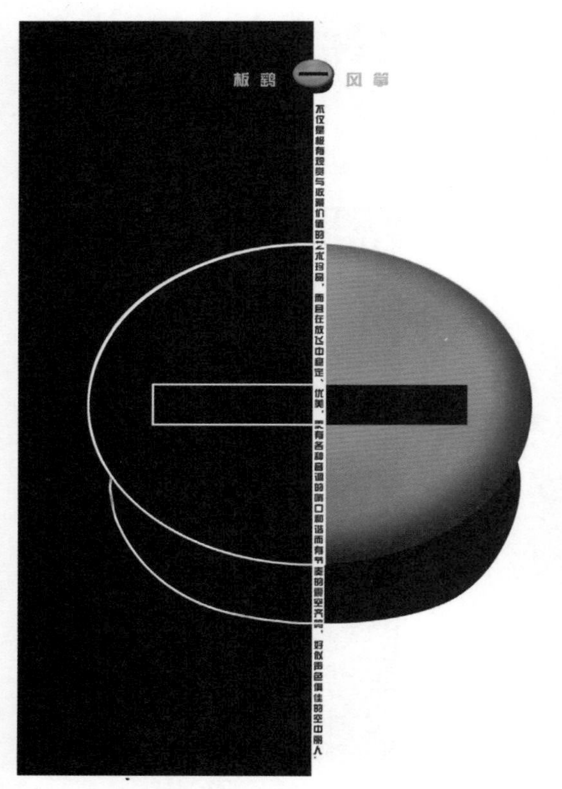

图3–63 运用补色的海报设计

图3–65 黑底白字

维平面中营造出三维的空间，增加画面的纵深感（如图3–66和图3–67所示）。

在色彩中，明亮的色彩有前进感，暗淡的色彩有后退感。另外从色相上来说，看起来较近的颜色相对较为鲜明，而看起来较远的颜色的色相则较为模糊，明度高的颜色看起来是近处的，明色感觉前进，暗色感觉后退，暗的颜色看起来是远处的。色彩还具有膨胀和收缩的性质。在面积相同的情况下，明度高的色彩显得膨胀，而明度低的色彩显得收缩。在色彩中，明度高的颜色和暖色系的颜色通常会比明度低的颜色和冷色系的颜色显得膨胀。

图3-66 NIKE 宣传海报

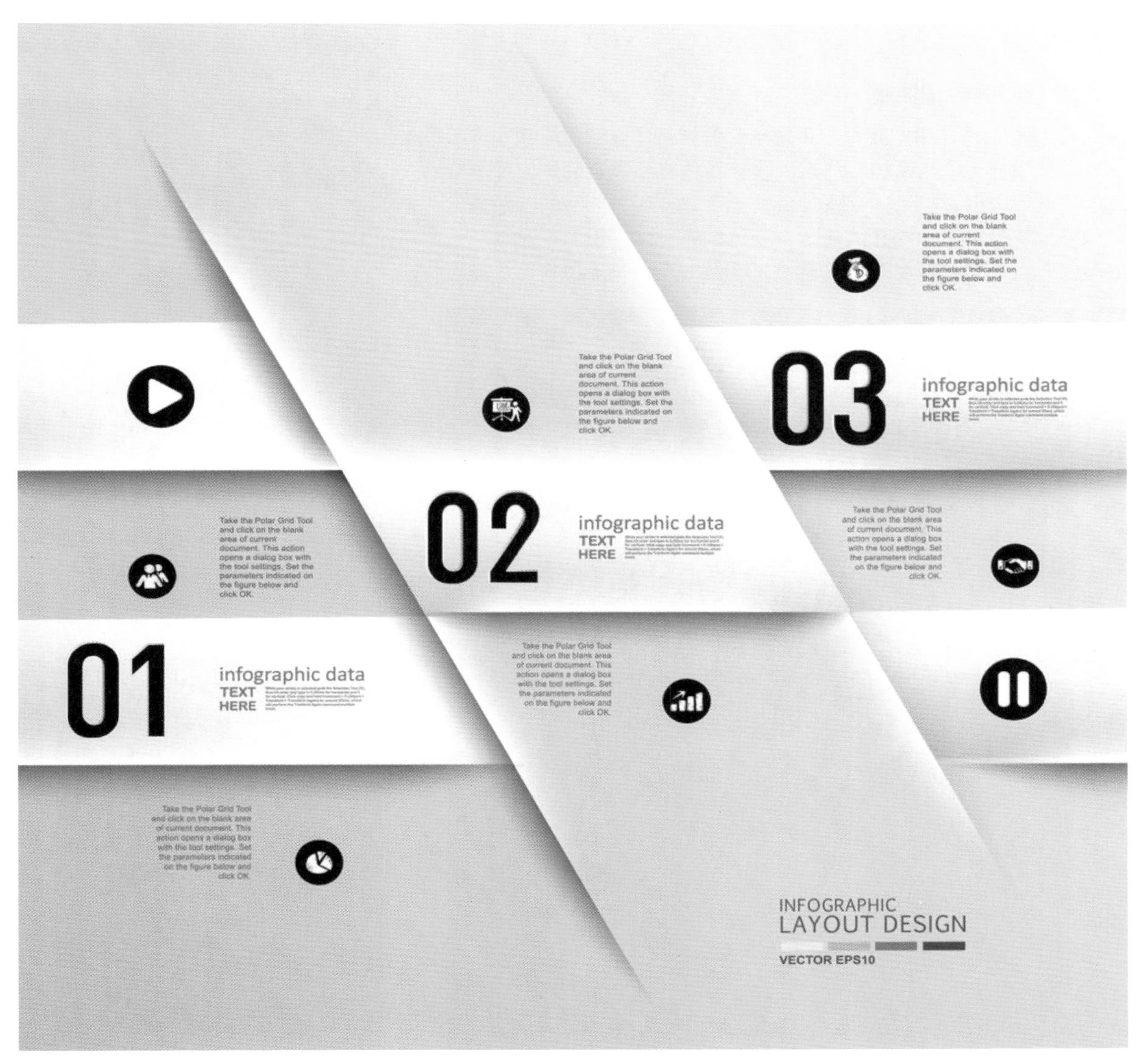

图3-67 单色的空间感编排

2. 色彩的物理性质

在设计中，色彩还可以给人以软、硬、锐利、圆滑以及轻重不同的感觉，通常明度较高的颜色会使人感觉轻巧，而明度较低的暗色系则给人以厚重的感觉。厚重的色彩可以让人冷静，给人安定的感觉。但是如果表现得过于厚重，就会让观看者的心情变得低落，色彩的"软"性质可以使人缓解工作的疲劳，使心情变得平和（如图3–68～图3–71所示）。

一般来讲，软的颜色是给人印象温和的暖色系，拥有较高的明度和朝气蓬勃的感觉，想要让人精神紧缩，或者希望画面更有节奏，更有机械感，我们会用到"硬"性质。硬的颜色主要是冷色系。同样，锐利的感觉比较符合冷色系的颜色性质。这并不仅仅是表现物理上的尖锐，同时也包括给人精神上的感觉，圆滑说的是一些柔和的暖色系色彩。在一幅图像中，尖锐的颜色很容易会让人产生排斥感，而圆滑的颜色则给人以包容感。

3. 色彩的心理性质

在色彩的性质中，我们利用最频繁的就是冷暖。色彩按照冷暖性质，被划分为暖色系和冷色系。暖色系色彩所具有的热力带有很高的诱导性，很容易给人兴奋的感觉。因此，这一色系的颜色通常用来表示喜悦等跃动感强的情感。冷色系诱导性比较弱，这一色系的颜色会让人感觉温度降低，能使人平静下来，如果将冷色系颜色

图3-68 活跃感的颜色运用

图3-69 文艺感的图形设计

图3-70 冷色调的图形设计

图3-71 承重感的图形设计

的饱和度降低，则给人以悲伤的感觉，在暖色系和冷色系中，仅用色相并不易表达悲喜感，亮度和饱和度也至关重要。暖色系中明度较暗的色彩很容易构成蕴含信赖感的意象，给观看者以安定感，而冷色系中的色彩则倾向于给人以不安定的感觉（如图3－72～图3－74所示）。

例如，紫色与灰色系的黄绿色搭配可以构成不安定色彩，这类色彩用在设计中通常很容易吸引人的目光。还可以通过色彩表现出味觉，这来源于人们自己味觉体验过的记忆中食物的颜色。甘甜可以用暖色系中表现年轻、温和的意象色的组合来表现，酸的味觉感在黄绿色系中，表现辛辣的是暖色系中纯色形成的系列色，而苦的味觉感则归于偏黑的暗淡色彩中。

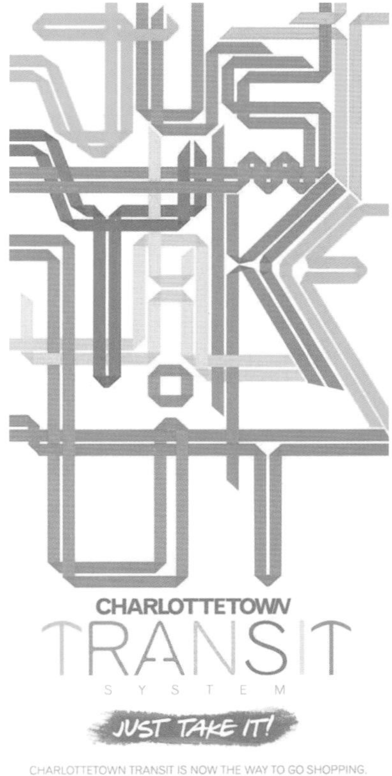

图3－73 彩色文字的运用

图3－72 文字设计

图3－74 荧光黄的字体运用

3.4.3 配色的构成要素

在设计工作中，需要使用多种颜色进行组合的工作就是配色。配色时必须要让颜色张弛有度。对比，节奏与区分等技法是配色中的基础。

配色的构成要素如下所述。

（1）基调色：在作品中，占面积最大，掌控整个画面色调的色彩被称为基调色，此种色彩适合成为底色或背景色。

（2）主调色：在作品中，主体物的颜色为主调色，它是要给观看者留下最深刻印象的颜色。

（3）从属色：从属色是仅次于关键色所占面积，出现频率比较高的色彩，起辅助作用。

（4）强调色：与主调色相比，强调色是在画面整体缺乏活力的情况下，加入的少量与整体画面感觉性质相反的颜色，使画面活性化。它占据面积最小，但却是画面中最醒目的色彩，起着提升整体画面效果，吸引视点的作用。

在进行设计工作时，要有目的地进行配色，并时刻注重把握整体色彩的平衡。不论如何配色，是对比强烈的，还是颜色协调的，都要把握一个度，以维持这种平衡（如图3–75～图3–79所示）。

图3-75 运用彩色文字的海报

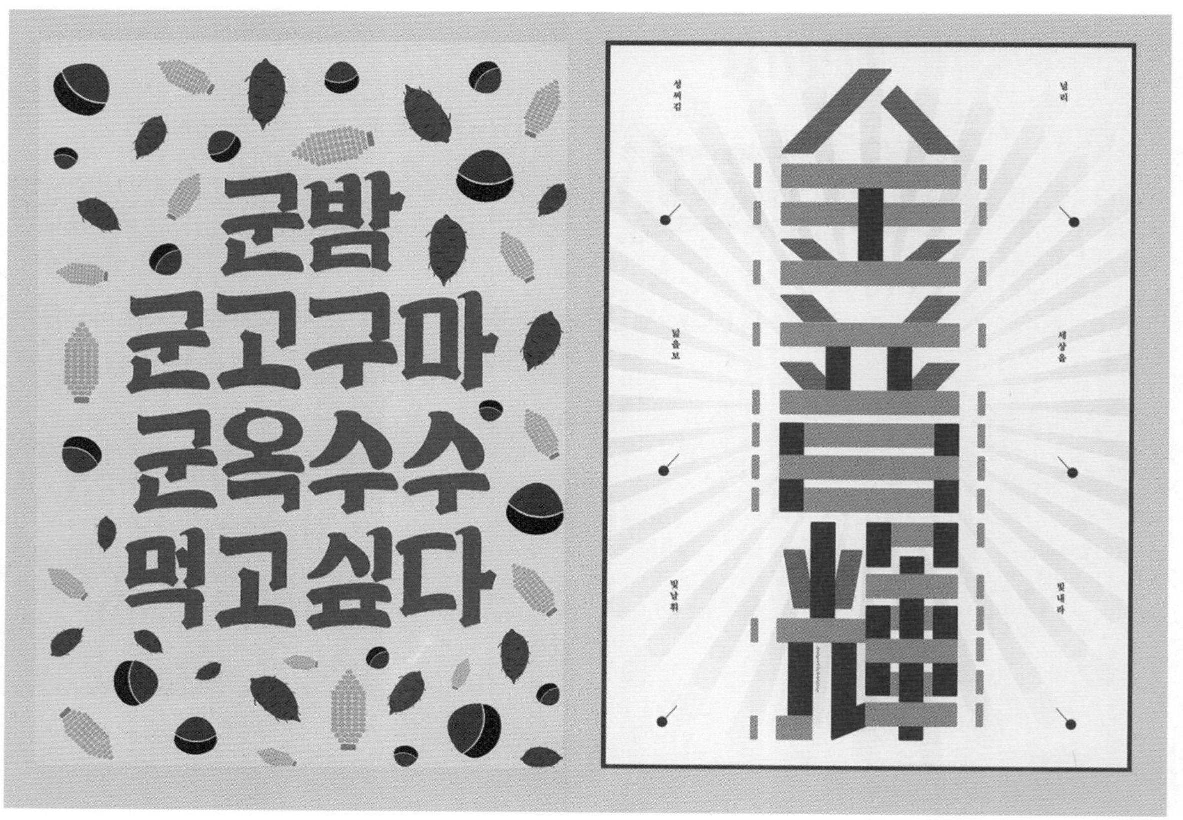

图3-76 冷色系的文字

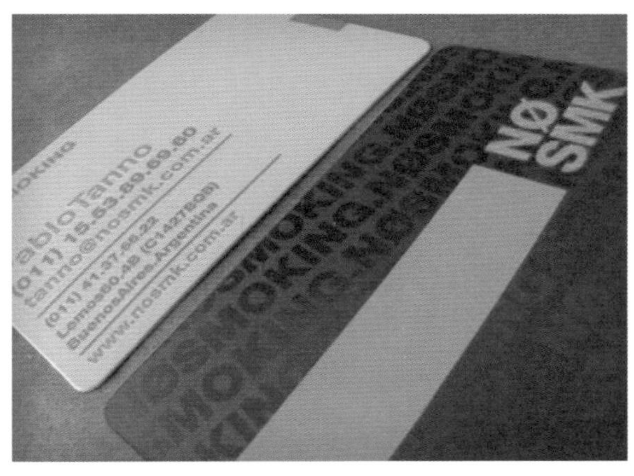

图3-77 彩色卡片的设计

图3-78 护肤品宣传画

图3-79 以冷色为主的图形海报

知识链接：色相环

色彩设计的初步练习，首先以第一次的黄（yellow）、红（red）、蓝（blueness）三色为基础，由此三原色配置组合成十二色相环。

用RGB色盘和CMYK色盘调出的12色色相环对比（如图3−80～图3−82所示）。

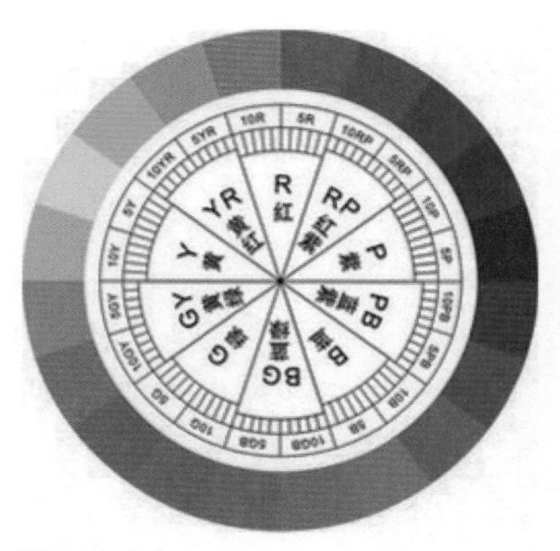

图3-80 色表

图3-81 色环

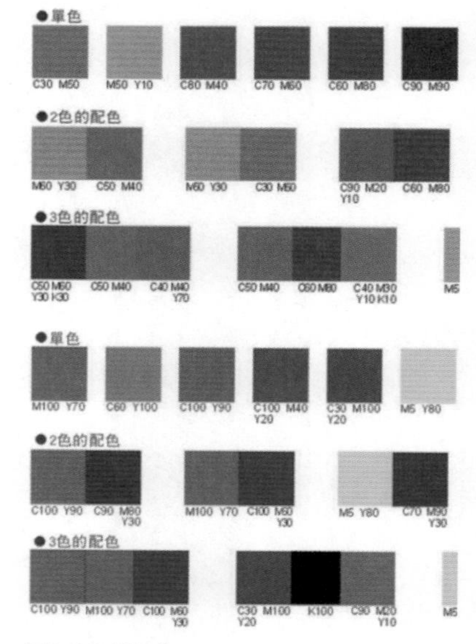

图3-82 配色表

绘制12色相环的方法与顺序如下：

首先，这三种原色的第一次色，必须采用正确而纯粹的原色，即不含任何其他色调的纯黄、纯红和纯蓝。将这三种第一次色环涂于正三角形之中，黄在顶端，红和蓝各涂于右下及左下两部位。

其次，在正三角形外画一外接圆，再于圆中画出一内接正六边形。由此，内接正六边型与正三角形之间，便形成三个底边邻接正三角形的等腰三角形，如下所示的三种第二次色便完成了。

黄+红=橙　黄+蓝=绿　红+蓝=紫

这三种第二次色，必须细心混合调配，不可偏于任一种第一次色，如橙色偏红或偏黄、紫色偏红或偏蓝都不适合。

其次，是在此圆的外侧，画一个适中的同心圆，再将两圆所形成的环等分为12个扇形，扇形中分别涂上相对位置的第一次色和第二次色。

最后在余下的空白扇形中，涂上第一次色和第二次色混合而成的第三次色，其结果如下。

黄+橙=黄橙　红+橙=红橙　红+紫=红紫

黄+绿=黄绿　青+紫=青紫　青+绿=青绿

由上所述，就可以设计出正确的12色环。在这个色环之中，任何色相，都具有不纷乱、不混淆的明确位置。这种色环的色相顺序，和彩虹和自然光线分光后产生的色带顺序完全相同。

这种色环，乃出自现代色学最伟大的教师约翰·伊登的名著“色彩论”一书，不但12色相具有相同的间隔，同时六对补色也分别置于直径两端的对立位置上。12色环的优点是：初学者可以轻易地辨认出12色中的任何一种色相；同时，也可以简单地认出中间的色彩。

没有进行美术专业训练，在配色时只能凭感觉，学习过配色理论后，我们就可以合理使用色彩，给人以美的享受。配色原理主要根据色相和色调进行了一系列的分类。最基本的有5种配色方法。

基本色相的配色关系：同一色相配色。采用不同色调的同一色相；类似色相配色：采用两侧相近颜色；（注：这两种配色总体上会给人一种安静整齐的感觉。如在鲜红色旁边使用了暗红色时，会给人一种较协整齐的感觉。）补色配色：完全相反的颜色；如红色对面的青绿色是红色的补色。相反色调色：是指搭配使用色环中相距较远颜色的配色方案，蓝紫色到黄绿色范围之间的颜色为红色的相反色相。（注：这种配色方法更具有变化感。）

基于色调的配色关系：同一色调配色，是指选择同一色调不同色相颜色的配色方案，例如使用鲜红色与鲜黄色的配色方案；类似色调配色：在色调表中比较靠近基准色调。

相反色调配色：是指使用与基准色调相反色调的配色方案。

3.5 有效的版面配色

思考：毕加索说：当两种颜色放置到一起就会唱起歌来，你如何理解？

3.5.1 色调的统一与节奏

当一幅图像中运用到很多色相鲜明的色彩时，画面整体就会显得鲜艳、热闹，且不够稳重，为了把握画面的平衡感，我们可以整合全图色彩的调子，形成统一感。为营造出统一感，可以控制使用色彩的数量。但如果保持多色彩，想要得到统一感，就要进行混色。混色就是将画面中最受重视的颜色（主调色）混入所有的颜色中。只要所有的颜色都带有主调色，色调就会统一起来了。所谓统一就是将不同的色相交叠，通常会采用同色系的颜色进行搭配（如图3–83～图3–86所示）。

图3-84 单色调的海报设计

图3-83 食物性的海报设计

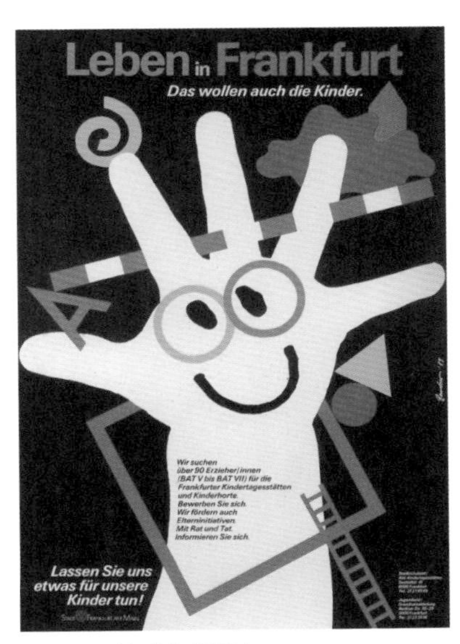

图3-85 酸奶的海报设计

图3-86 CD的宣传画面

版面中配色的目的就是能够让预期的效果准确地表现出来。如果颜色过于丰富，版面会显得热闹，使读者的视觉点不稳定。如果将色调统一起来、配色的效果能够明确地传达给读者，并且会使得版面有种井然有序的美感。

节奏是指通过视觉上的重复循环，能在配色中感觉到韵律感的技巧。即便形态不同，只要有相同的色彩往复，也能构成节奏。节奏是有生命的意象。用色彩制造节奏时，将循环的颜色进行微妙的变化，只要控制在相同的色相范围内，保持一定节奏，就可以营造出欢快的气氛。

3.5.2 基础色

基础色被称为“基调色”。在作品中，占面积最大，掌控整个画面色调的色彩被称为基调色，此种色彩适合成为底色或背景色。此外，确定主要颜色之后再进行配色，其主要的颜色也被称为基调色。

在版式配色上首先需要明确基础色，因为基础色是控制画面效果的颜色。例如：红色为基础色，那么版式会建立在热情、爱心等效果基础上。在一般人看来，白色好似没有多大的用处，但是白色确实基础色，白色的简洁、纯净可以充斥着整个版面（如图3–87～图3–90所示）。

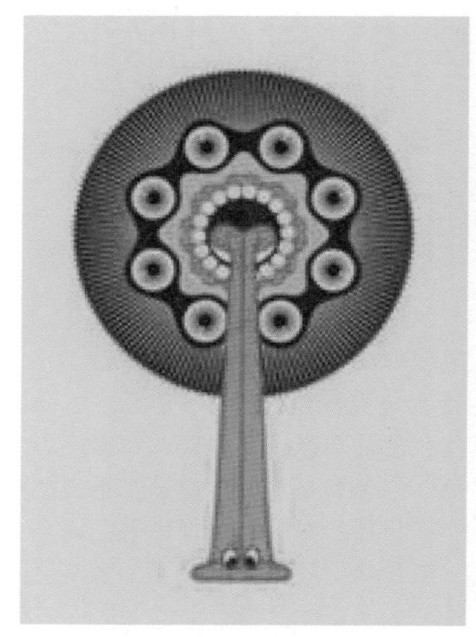

图3–88 以黄色为基础色

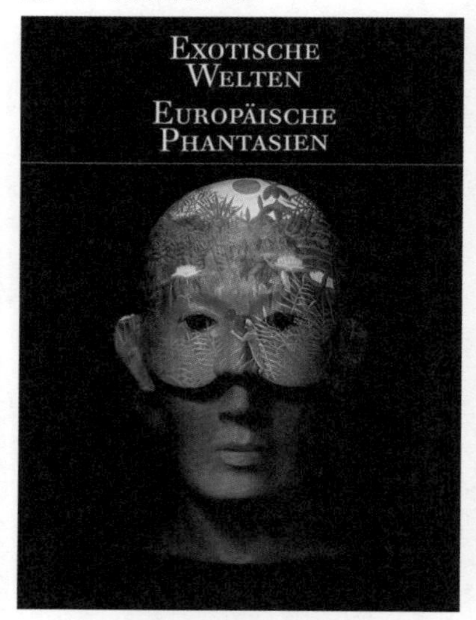

图3–89 以藏青色为基础色的创意图形

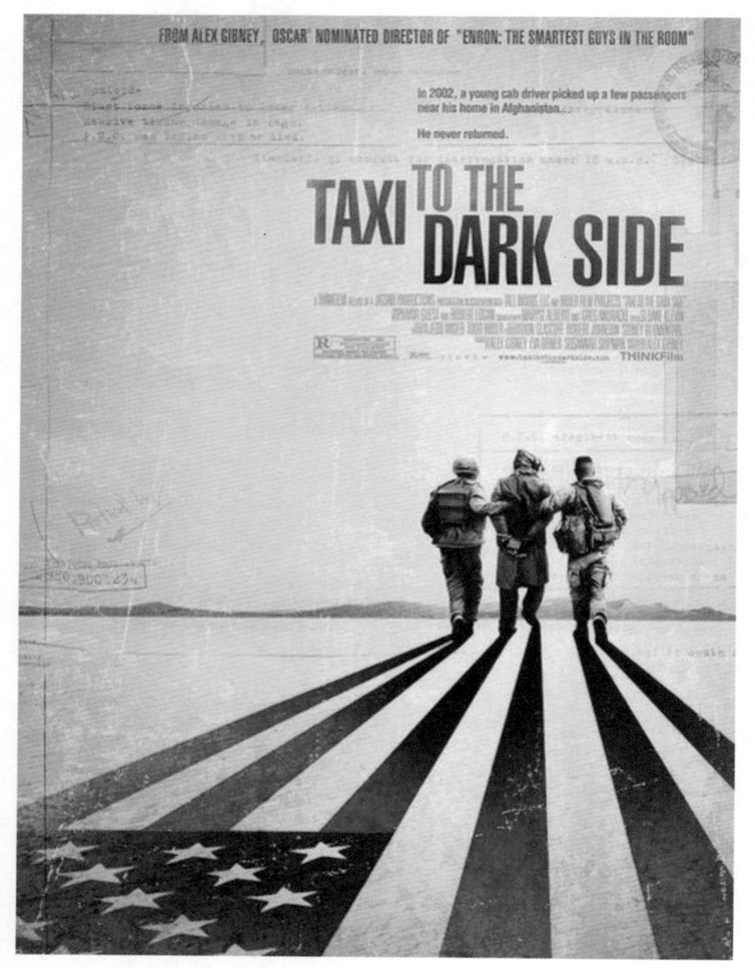

图3–87 以明度低的棕黄色为基础色

图3–90 以灰白色为基础色的海报

3.5.3 对比与区分

版面中的对比指的是相邻颜色之间的对比关系。例如黑白、红绿，这种对比都是非常强烈的。造成对比的因素还包括色彩的亮度、色相、饱和度等，通过这3个方面会把颜色调整成多变的效果（如图3-91～图3-94所示）。

那么为什么版面的配色要有对比的效果呢？因为具有一定对比的色彩可以丰富画面，会给人带来视觉享受和大脑刺激，令人感到兴奋，也有利于信息的传播。所以对比是版式设计的必要环节。色彩的面积越大，其性质就越容易显现出来，这就是色彩的面积效果。颜色相近的配色会导致读者犯困。在相邻颜色对比弱的情况下，版面对大脑的刺激消失，所以会让读者对读物失去兴致，并影响读者对内容的阅读。这就是为什么要将版面配色进行对比处理。

在彼此相邻的两种颜色之间多少都要有一些对比，这样才能控制读者的视觉刺激。但是在相邻颜色非常相似的情况下用对比，会让色相发生变化。为了避免这种情况发生，我们会采用区分的手

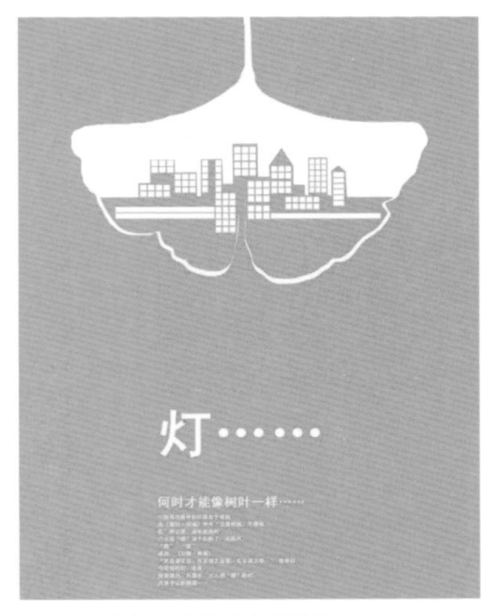

图3-92 以红白色为主色的海报

图3-93 红、黑强烈对比的创意插图

图3-91 以黑红黄色为主色的海报设计

图3-94 以绿色和黄色为主的创意海报

法。区分就是在相邻颜色间制造空间或者边界线，使作品产生节奏，这种节奏也是塑造作品紧张感的一种手法。在相邻颜色间制造边界线时，边界线的颜色必须醒目，以起到强调的作用。

另外我们在白色的底色上配置文字或者图片，能够强化页面的色彩对比。如果我们使用的底色是灰色的话，就会弱化对比。如果使用黑色底的话，灰色会浮现出来。如果强化灰色的话，可以在文字上增加一些色彩（如图3—95和图3—96所示）。

图3-95 黑白的对比图形

图3-96 黑白色与彩色文字的结合

3.5.4 强调色

当同一色系的颜色统一画面之后，这种颜色的效果就会被强调出来，同时在画面中的美感也会体现出来。同一色系的色彩构成虽然漂亮，但是会显得过于平静。例如暖色系用来表现温暖或者热情，但是画面会显得过于沉静，在这种情况下，可以在版面中加入一些与整体配色构成对比关系的颜色，使得画面看起来活泼多样，这种颜色就称之为强调色。该色调虽然不是主色调，但是可以将整体的画面效果提升（如图3-97和图3-98所示）。

图3-97 以蓝色为强调色的海报

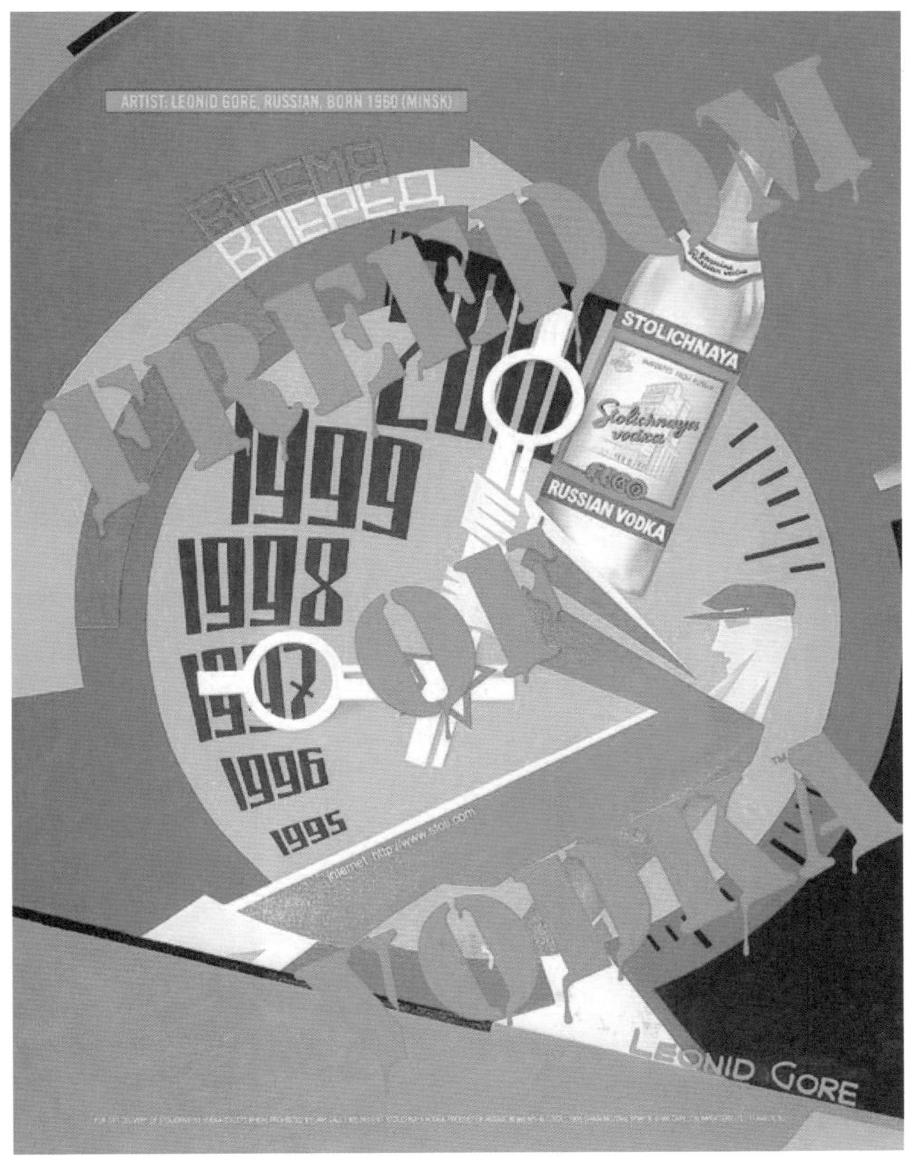

图3-98 以绿色为强调色的海报

灰暗枯枝中的一片绿叶，绿色风景中的几多红花，蓝色海洋中的一支白鸥，这些都是强调色。

知识链接：色彩的冷暖搭配

色彩有冷色和暖色之分，其中冷色给人以寒冷、清爽的感觉，如蓝色；而暖色给人以温暖和热情的感觉，如红色和橙色。在实际生活中常常可以看到色彩的冷暖关系，如医院多用蓝色和绿色，这样能给人以冷静与清爽的感觉，有利于病人的恢复，而红色、橙色等暖色，则可以烘托喜庆的气氛。

将暖色与冷色合理搭配可产生强烈的对比效应，给人以极具冲击力的视觉效果。在实际设计过程中，也需要进行色彩的冷暖搭配，以取得和谐的色彩效果（如图3—99～图3—102所示）。

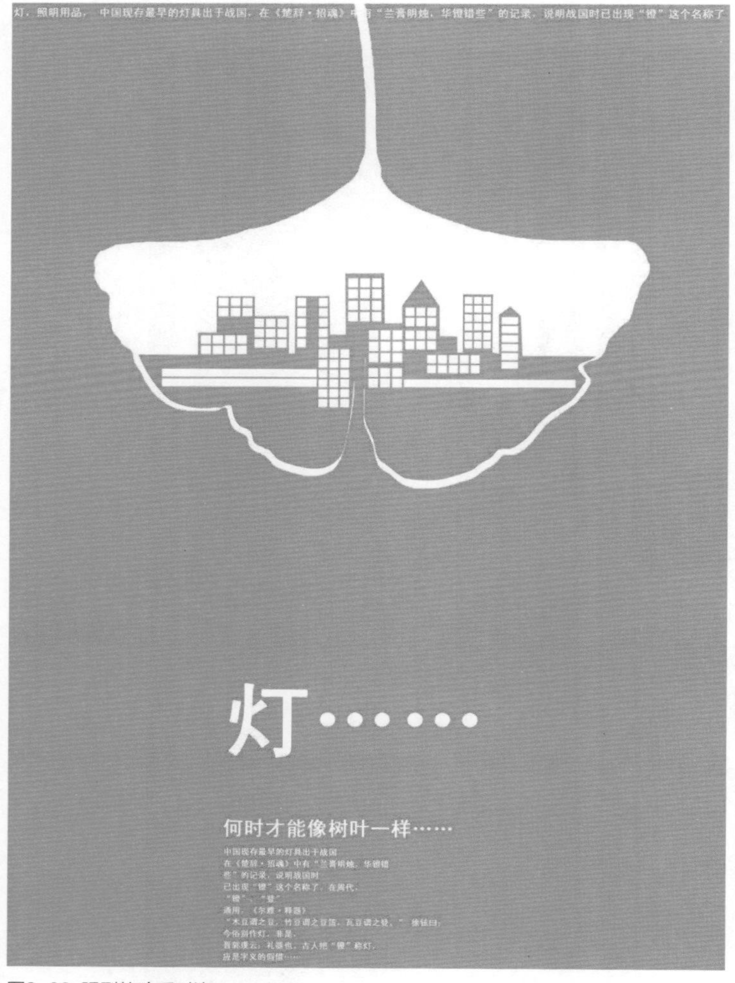

图3-99 强烈的冷暖对比

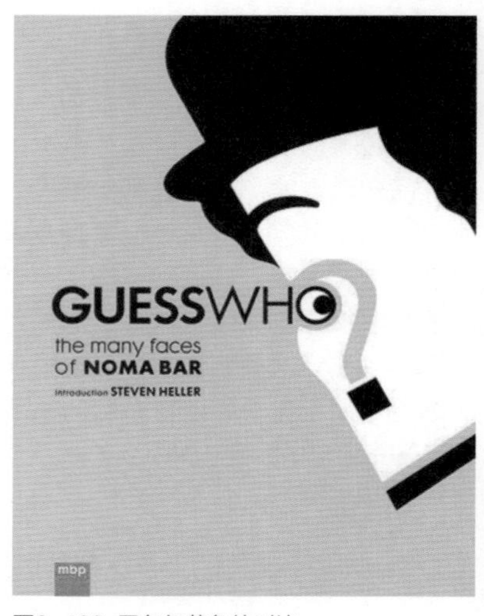

图3-100 黑色与黄色的对比

图3-101 灰色背景的运用

图3-102 暖色系的搭配

3.6 边框线的重要功能

在版面设计中，边框线的作用是明确分割（边界线），突出边框（轮廓线），表示接续、分割、引导方向或者营造节奏感等。它不仅具备功能性，同时也可以使版面更加美观（如图3−103～图3−106所示）。

边框线在直接发挥这些作用的同时，也被广泛地运用在版式设计中。用线是很基础的技能，属于设计中常说的点、线、面的重要元素。即便是不具备相关知识的人也要学会用线。另外不同的边框都会有各自的名称，让用户在使用的时候更加方便。

图3−103 直线图框

图3−104 虚线分割

图3−105 图形描边

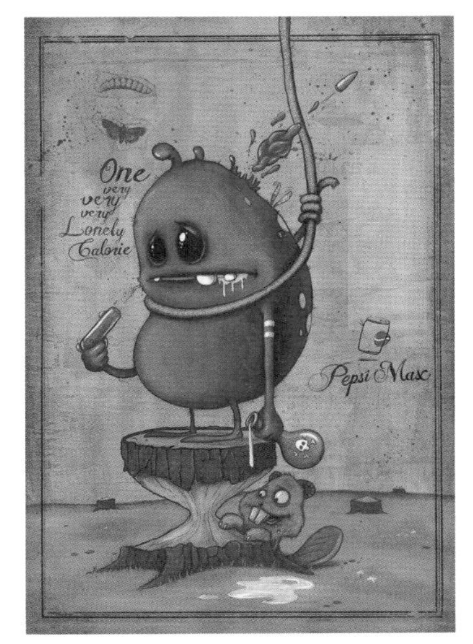

图3−106 虚线图框

3.6.1 边框线的种类

边框的种类有很多种，在印刷中都有一定的规格，“装饰性边框线”使页面中的各部分连接起来。此外，它还与固有的边框构成对应的关系。详细的装饰性边框线条如下所述。

- 细水线：用细线构成的边框，会显得精致简洁。
- 中粗线：细水线与粗线之间的边框，为常见的效果。
- 粗线：细水线里面用的边框，用于强调粗壮的效果。
- 粗细双线：兼具细水线和粗线两种线，具有柔化硬边的效果。
- 双细夹粗线：两根细水线中间夹一根粗线，具有强烈的视觉效果。
- 朦胧线：类似于晕染效果的线。
- 波浪线：有荡漾的波浪感。
- 引点线：这种线很有力量。
- 星星线：小圆点连成的线，看起来很优雅。
- 虚线：具有一定的方向感。
- 双线：类似于两根粗线，看起来很明显。
- 黑体单线：绝对的粗线，用于标题处。
- 装饰线：装饰线的种类很多，使页面效果丰富。

3.6.2 边框线的效果

边框线自身具有独特的效果。比如破线会用于含蓄的提示某种存在，并没有强烈的效果。用户必须在了解这些特点的基础上使用它们。

边框线的效果来自于线条粗细。粗线条会显得力量强，比较明显，实线虽然不明显，但在发挥线的功能时，是最常用的的线。细线显得纤细优美；波浪线则富于跳跃感；双细线会使效果更加柔和。用户将这些效果分别使用在版面中，会使版面具有丰富的内涵（如图3—107～图3—109所示）。

图3-107 直线边框

图3-108 裂痕边框

INSITITUTIONS A-Z

ART BASEL MIAMI BEACH

www.gallerywebsite.com

On the 21st of November 1994 Gallery 3 Punts was born in the barcelonian street, Avinyó number 27. In April 1999 the gallery was moved to it's current location at number 75 Aribau street in the "eixample" area.3 Punts Gallery works to promote contemporary art in its different expressions, lending special attention to artists with new approaches, contrasting winth established creators, collaborating with other national and international galleries.

MOMA

www.gallerywebsite.com

On the 21st of November 1994 Gallery 3 Punts was born in the barcelonian street, Avinyó number 27. In April 1999 the gallery was moved to it's current location at number 75 Aribau street in the "eixample" area.3 Punts Gallery works to promote contemporary art in its different expressions, lending special attention to artists with new approaches, contrasting winth established creators, collaborating with other national and international galleries.

MOMA

www.gallerywebsite.com

On the 21st of November 1994 Gallery 3 Punts was born in the barcelonian street, Avinyó number 27. In April 1999 the gallery was moved to it's current location at number 75 Aribau street in the "eixample" area.3 Punts Gallery works to promote contemporary art in its different expressions, lending special attention to artists with new approaches, contrasting winth established creators, collaborating with other national and international galleries.

July/August 2006 21

图3-109 虚线边框

3.6.3 有效的插入方法

能够充分地利用线条功能的插入法就是"富于效果的插入法"。如果没有确定线的性质就随意地使用，会使得线条效果减半，影响整体的美观和阅读。相反，如果能充分发挥线的功能，不仅可以获得不错的效果，还能起到美观的作用（如图3–110～图3–113所示）。

图3–110 文字组成的线形

图3–111 冷暖色分割线

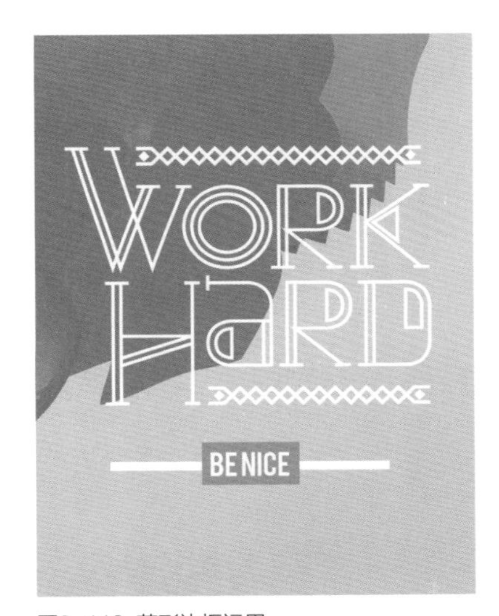

图3–112 菱形边框运用

图3–113 圆点边框线

3.7 背景的利用

背景是指版面背部的环境，是图片与文字所处的环境。背景设计师对背景部分进行的一些划分以及颜色、装饰的处理是辅助版式设计的重要内容（如图3–114～图3–117所示）。

如果背景处理得当的话，版面会具有吸引力，相反，版面的效果就会很糟糕。比如背景颜色过强的话，就容易影响到配图的画面效果。另外在考虑配色的同时，还应该考虑背景形状的使用。例如：在背景中加入圆形时，就应该考虑这个圆形所具有的特质、其象征性是不是有利于信息内容的传播。下面就介绍几个背景的使用。

3.7.1 四方形

四方形包括长方形与正方形，又称四边形，是一种四边或两边对称相等、简单的几何图形，但它在哲学、宗教、美学等文化领域中也有许多象征含义。

图3-115 以纯色为背景的海报

图3-116 橘色渐变背景的海报

图3-114 黄绿色背景的海报

图3-117 做旧的背景效果

正方代表方正、稳定、不偏不斜。上下左右四个方向，也泛指天下各处。古代中国、波斯、美索不达米亚等地的人们认为地球是正方形的，“地方”一词源于此。古印度的人们认为，地球是四边形的，象征一个四边整体。欧洲神学家们认为，正方形的四边与空间的四个方位有关，由各自的守护神共同构建而成。

正方形和长方形总是象征着安宁、稳固、安全、和平等，它们是熟悉的和值得信任的形状，意味着诚实可信，其角度代表着秩序、数学、理性和正式。所以我们日常见到的照片、文章大多数都采用四方形，它能够使人更加认真地去阅读其中的信息，而且方形非常有利于版面的设计，比较易于整合版面排布，并且不会造成版面空间的浪费。四方形本身并不突出，在页面中也不会太抢眼，这样读者在阅读文字的时候就不会特别注意到四方形的存在（如图3−118和图3−119所示）。

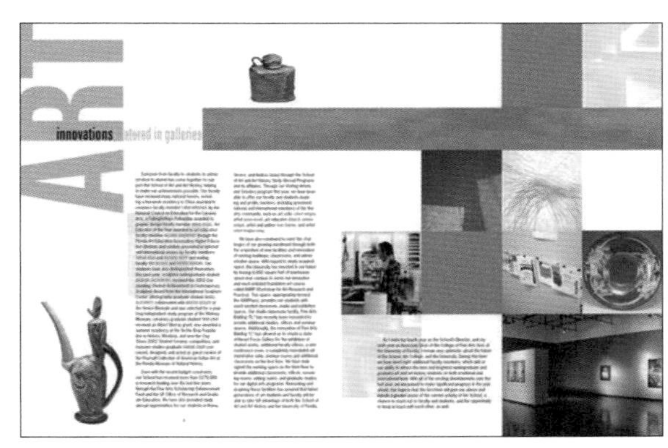

图3-118 方块的巧妙运用

图3-119 以方块拼接的图形

3.7.2 圆角

圆角是将一些几何图形的边角“圆润化”的一种处理，这种圆角的形状会给带来柔和、亲切的感觉。圆角的半径越小，给人的感觉会越硬朗（如图3–120～图3–123所示）。

人体工程学上表明，边角圆润的图形比边角尖锐的图形更利于人们接受。因为大脑在短时间接受图形的时候，视觉中枢对“角”的呈现会比较困难，这也就是为什么人们的视觉上比较容易接受圆润事物的原因，而且，圆润给人的心理感受会比坚硬的事物舒服得多。

3.7.3 装饰性元素

版式中装饰性元素包括分割线、插图、底纹等，这些装饰性元素在使用的时候不能太过显眼，只能作为配角。但即使是配角，仍然可以给读者以新鲜感。

页面的装饰会增加读者的阅读快感。在宣传页上会多见这种装饰元素。一般在商业庆典、超市活动的宣传单页上，这种装饰性元素起着很重要的作用（如图3–124所示）。

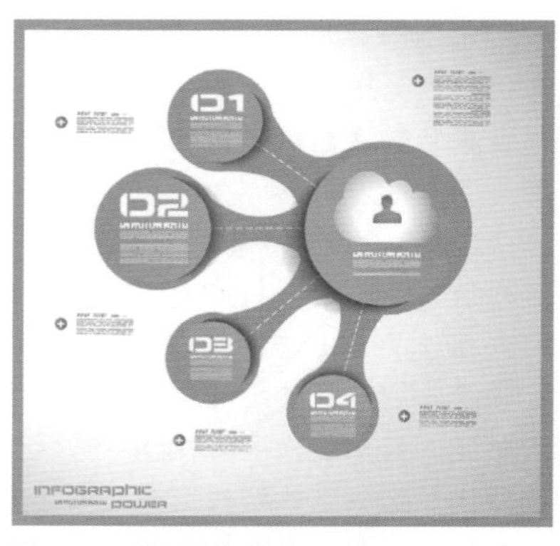

图3–121 圆形结合的单页设计

图3–122 圆形切割图形

图3–123 圆形的利用

图3–120 圆形与其他图形的结合利用

3.7.4 底纹和随意图形

背景的目的就是为了突出文字与图片。白色背景的使用会给人一种舒适感，但是太空白且缺乏设计元素的背景也是有一定缺陷的。

我们在背景设计上可以适当地加一些底纹，底纹可以不用太过明显，在处理上可以降低透明度、饱和度来融入背景中。淡淡的底纹不会太引人注目，但是可以增强图片与文字的对比，这样会为版面增添一些韵律感，对整体的氛围有着一定的提升作用（如图3-124～图3-128所示）。

图3-124 装饰性的海报

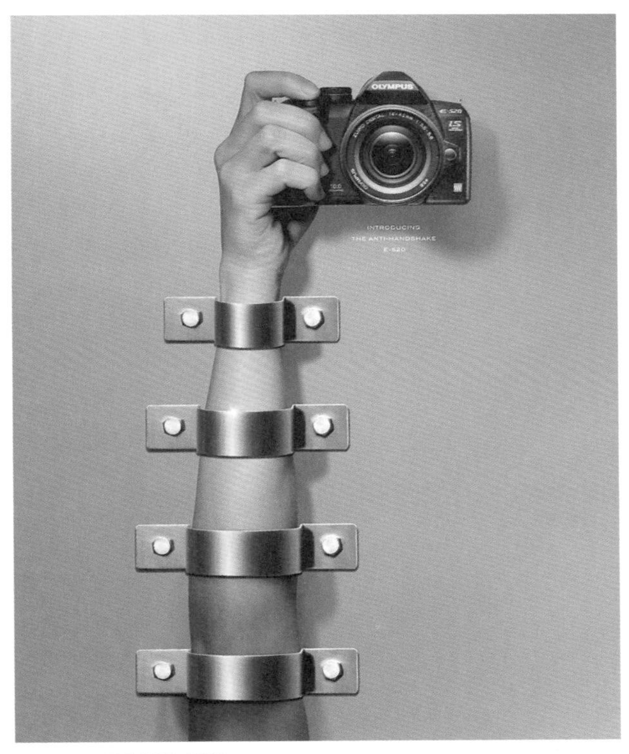

图3-125 写实的版式设计

图3-127 底纹加图形的版式设计

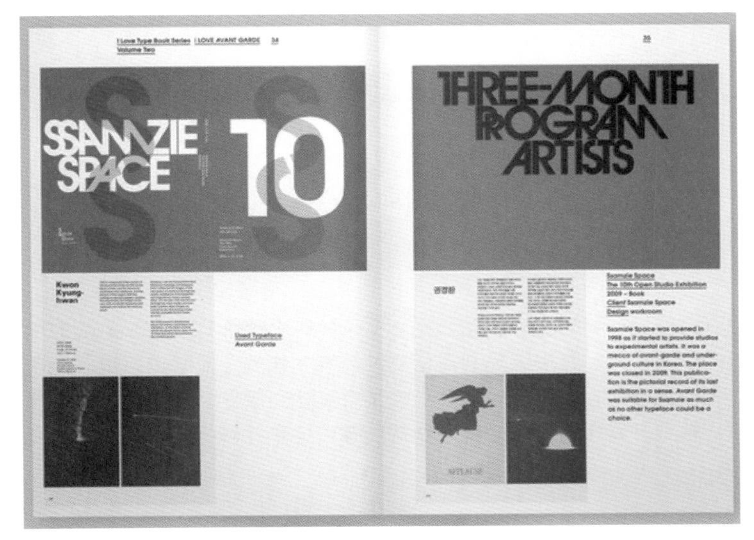

图3-126 字母底纹背景

图3-128 多元素的海报设计

随意图形的使用和底纹有着一样的效果，我们可以巧妙地利用图形的造型和颜色来丰富背景的设计（如图3—129所示）.

图3-129 随意图形的运用

3.8 利用材料的特征

我们所进行的版式设计不只是画面上的东西，更是为了使设计能够真正地进入读者的视线。它是一种必要的媒介，这种媒介具有自身独特的魅力，因此版式设计才会在媒介中有着一定的影响力。

表现版式设计的材料也各不相同。如画报、书刊等都是以纸为基础材料。另外这些读物靠着印刷出版，依赖于油墨，其颜色效果基于CMYK技术（如图3—130所示）。

还有一种就是我们平时会用到的电脑。浏览网页会使用的电脑显示器，它的液晶显示屏的颜色基础RGB。如果无视这种基础材料，颜色的效果就会不准确。最大限度发挥基础材料的特征，这些也是设计师应该掌握的技能。

图3-130 干货的包装版面

这些材料大致分为两种。一种是利用反射的材料，通过对光的反射使我们看到的颜色，但是在黑暗的地方，我们是看不见画面效果的。如纸、塑料、金属、布。其中纸是利用植物性纤维制作的，能够较好地利用色彩反射，是最常见的媒介材料；塑料是通过石油制造的，表面比较精致。如果直接使用颜色，需要用特殊的颜料来印刷。金属需要用颜料附着丝网来印刷，布则可以通过染指颜料制作花纹等，但是在接受到阳光直射的时候，容易褪色（如图3—131和图3—132所示）。

图3-131 铁盒子

图3-132 矿泉水

另外一种是利用发光的材料，在黑暗的地方也是可以观看到的，如显示屏、屏幕、手机等。显示屏是通过色光（RGB）发光，使用荧光体。屏幕是通过光的投影而使其发光，是一种特殊的反射。手机是使用液晶屏幕，在黑暗的地方也是可以看得见的（如图3—133所示）。

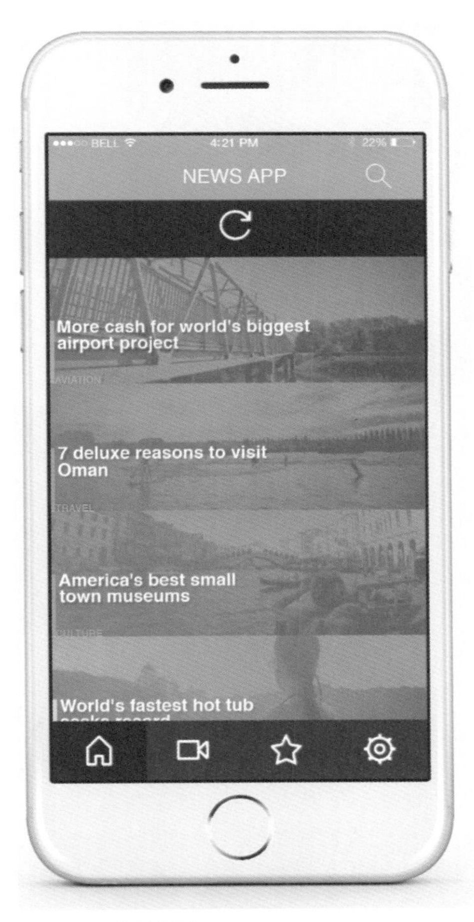

图3-133 手机液晶屏

3.8.1 纸

纸与印刷同步发展到今天。现在印刷技术虽然转变为植物性材料，但是色彩效果是没有发生变化的。在数字媒体时代，纸媒发展虽然受到极大的冲击，但是仍然以其独特的魅力和价值生存和发展着。我们平时阅读的报纸、杂志、宣传册使用的都是纸，还有一些包装盒等也是采用纸质的材料。可以说纸质媒介是〝无处不在〞的一种媒介形式（如图3−134～图3−137所示）。

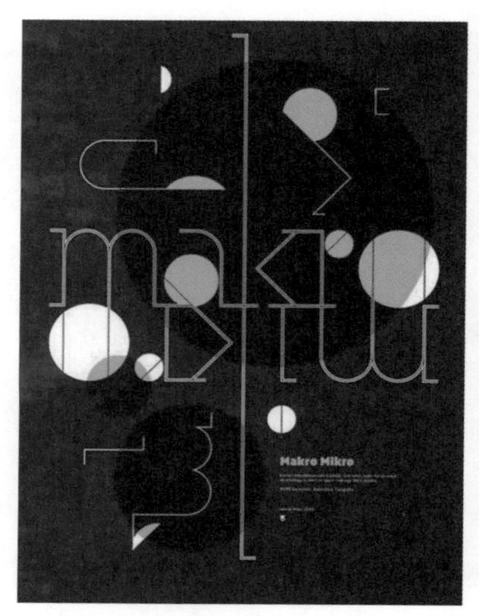

图3−135 图形创意海报

图3−134 创意海报设计

图3−136 人物图形的海报设计

3.8.2 软塑料

软塑料本身很少被用于书籍和海报中。在设计领域里，软塑料多用于包装设计上，因为这些材料需要特殊的印刷（如图3−138所示）。

软塑料具有坚韧、轻便及柔软的特性，可以用来制作商品包装。在作为基础材料的时候，应该考虑到它柔软的性质。版式设计的目的当然就是让对方一目了然地看到图案的独特性，明确地将商品展现给读者。材质的使用如果不能够直接地吸引读者的眼球，那么就没有实际意义，所以要充分地了解材质的特征。

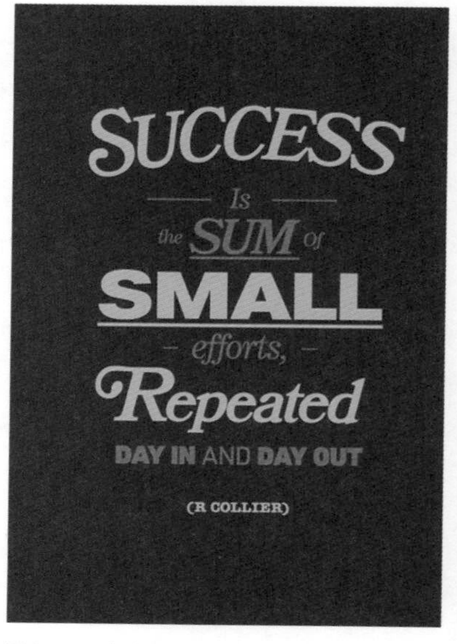

图3−137 成功的公益海报

软塑料有透明、半透明、彩色、不透明等各种材质，在使用的时候可以利用这些材质原本具有的特征加以设计。

版式设计不仅在平面的物品上进行，有的时候还要在立体的物品上进行。就如软塑料大多数会被制作成立体的形状，如气球、袋子、饮料瓶、盒子等。所谓立体就是不能只关注一个面，它是多面的，在设计中要时时刻刻地考虑到这一点。

图3-138 软塑料材质

3.8.3 硬塑料

硬塑料材质的物品平时也很多见。我们随身携带的各种卡，都是使用硬塑料制作而成的。

硬塑料制成的卡片之类的物品，需要长期携带，具有持久性，并且要具备明显区别于其他物品的特征。

不同材质选择的目的也是不一样的。我们在进行版式设计中要考虑到这点。此外，作为一个整体，为了瞬间被识别，版式设计的简洁性也是非常重要的。虽然可以在硬塑料上印刷，但是有一些食品包装还是会在盒子周边贴上一些纸质的内容。所以要明确产品的用途及材质才能更好地设计，以激发消费者的购买欲（如图3–139和图3–140所示）。

图3-139 硬塑料包装

图3-140 硬塑料包装的文字编排

本章小结及作业

本章主要介绍了版面编排的基本元素：文字、图片、色彩三大要素，以及与版式设计相关的背景、材料等。在版式设计中无论是色彩的搭配，还是图片的应用，或者文字的使用，都与能否设计出完美作品有着很大的关系。所以在成为版式设计师之前，就要熟练地掌握这些要素，利用这些要素的自身特点，并在此基础上进行版式设计。

1.课堂训练

设计一幅以"食品"为主题的单页，色彩搭配要体现食物的美味，页面文字可自己选择，可加上网址等信息，手绘设计稿，并运用软件制作出来。

2.课后作业题

版式设计训练：找一幅你喜欢的杂志封面设计，并对它的用色、文字样式、图片处理进行分析。

要求：以电子档的形式呈现，配上图片及文字。

第 4 章

建立条理——网格系统的应用

主要内容：

本章主要讲授什么是网格系统、网格系统的类型、网格系统不同形式的运用。

重点、难点：

了解版式中网格的重要性，并熟知网格的基本类型，以及网格在版式设计中的具体运用。

学习目标：

通过了解网格、网格的主要类型，及对相关案例的分析，最终达到能够合理设计网格，并能将其应用到实际项目当中。

4.1 认识网格系统

当我们分析一幅作品内在结构的时候，会发现图文的排列和分布被众多的参考线和网格所控制，即使是自由的排版，其背后也隐藏着规律的网格。

4.1.1 什么是网格

网格是页面上用来分割各种比例的格子，是由垂直线和水平线相交构成的矩形网格单元。把文字和图片都嵌入在这些矩形里，这样就能在视觉上创造出条理分明、有着秩序美的整齐页面（如图4－1和图4－2所示）。

网格系统是一种理性的排版方式，它产生于德国的包豪斯学校，后被国际主义风格（格子风格）所发展和传播。网格系统作为一种行之有效的版面设计形式，将构成主义的秩序引入到设计当中，使所有版面元素的协调一致成为可能。

在设计的刚开始阶段制定网格，可以在短时间内完成元素的配置。网格通常因其实用性强，所以特别适合用于文字量大、页数多的作品。如书籍、杂志的制作，最初都先将其设计为网格。网格系统设计主要根据作品的风格来决定矩形的大小和分割的块数（如图4－3和图4－4所示）。

图4-1 《宣传页设计》

图4-2 运用网格系统的网页设计

图4-3 Sports网格海报

图4-4 VOGUE

网格系统的应用使版式设计变得方便、快捷，设计师也可以根据作品的风格对网格进行灵活运用，如对网格进行叠加、切割、旋转等，还可组合出多种风格的版面样式（如图4–5所示）。

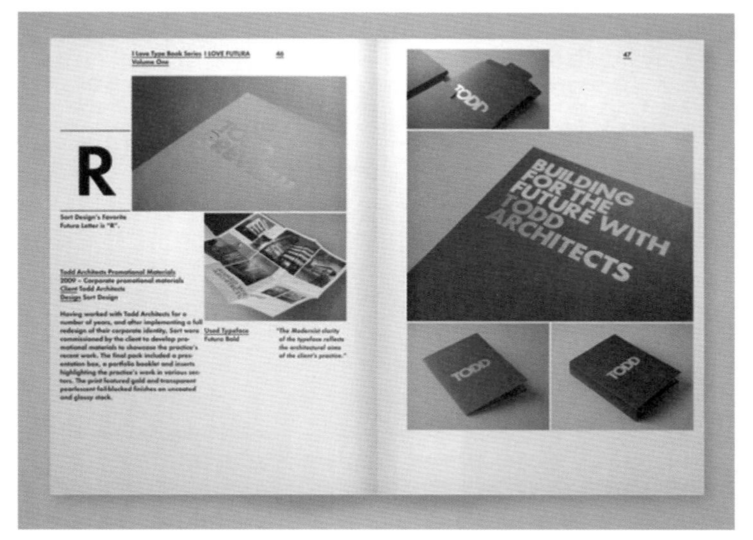

图4-5 商品细节展示

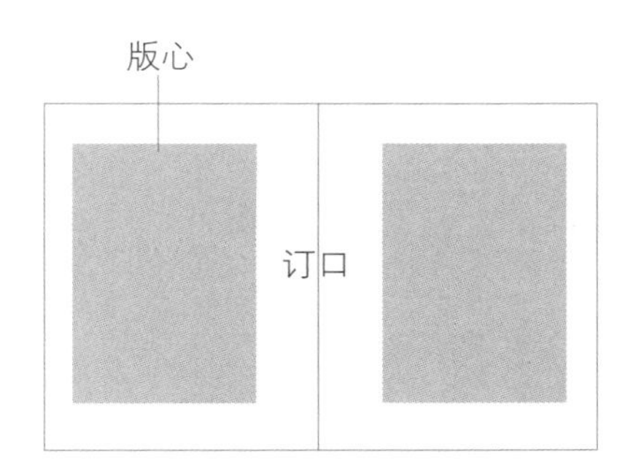

4.1.2 网格结构与媒介

不同的媒介都有其最基本的设计规则，在进行版式设计的时候，就要根据媒介的特点设计和应用网格系统。

1. 媒介风格和版式信息

网格设计首先要对媒介进行了解，如书籍、杂志、产品宣传册的图文量和读者需求不同，它们的网格结构也会有所区别，如报纸版式因涉及复杂的图文信息，排版更要考虑易于读者阅读（如图4–6所示）。

2. 版心的设置

版心是使整个版面有条理的重点，设计师在进行编排各要素前，都要先确定版心的位置。画面的要素都会被嵌入版心之内。版心的面积占整个版面的比例称为“版面率”。版面率越高，能够配置的信息就越多，如报纸、书籍等版面率通常设计得比较高。不过版面率低的版式登载的信息虽然少，但由此产生了大量的留白，给人一种高雅的艺术气质（图4–7所示）。

设计多页的版心时，如书籍、杂志或商品目录等，要注意装订边稍宽一些，作品的厚度也会影响到装订口的宽度。

IN SPORTS

The Atlanta Journal-Constitution SUNDAY

Howdy, ma'am

Thirty-nine years ago, newlywed Mary Shotwell Little disappeared from the parking lot at Lenox Square.

Atlanta's most famous missing persons case has baffled police and the FBI ever since, and the mystery remains…

UNSOLVED

All our lives are on file, for sale

Marietta unit aids search for bin Laden

Old friends clash in new district

图4-6 《名人介绍》报纸

图4-7 黄金比例

3. 黄金分割与热点网格

黄金分割是一种数学上的比例关系。使用黄金分割的版面，其长边与短边的比值约为0.618：1或1：1.618，这种比例被誉为最和谐的比例关系。人类早已将这种比例关系应用到了艺术和设计领域当中。黄金分割给了我们一个关于美学布局的逻辑性指导（如图4–7所示）。

在版式设计中将页面分割成3X3的网格，可以得到中间的四个黄金分割点，把画面元素编排在热点区域附近，使得画面的重点部分得到了突出表现，这种构图方法是黄金分割的一种简化的应用，一般适合于画面元素较少的版式设计。在现代设计中一般把版面平均分割成九宫格的形式来应用（如图4–8～图4–10所示）。

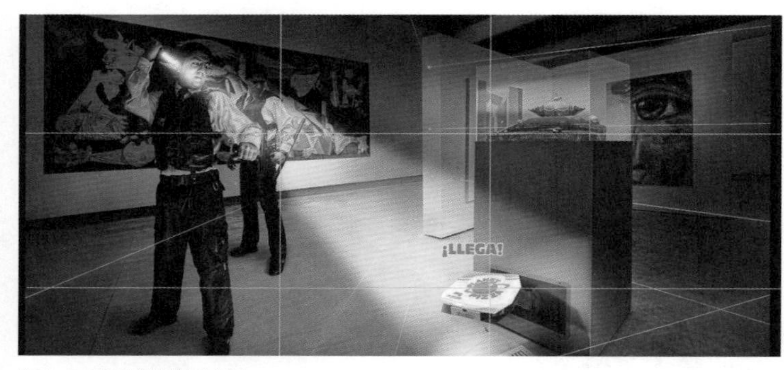

图4-8 黄金比例构图应用

黄金分割的做法

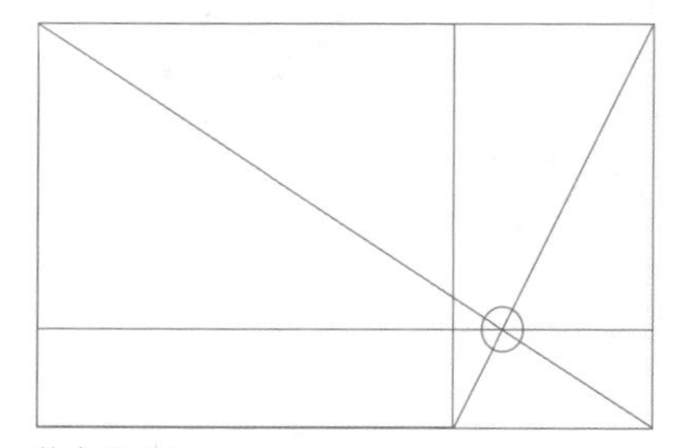

热点的形成

图4-9 黄金比例构图应用

图4-10 照相的对焦网格

黄金分割版心的绘制方法

下图是两个对开的黄金分割页，长宽比为1：0.618。根据这样的作图方式得出的页边距，在灰色的版心部分编排文字和图片，上下左右的比例为1.5：3：2：1。版心可根据作品需要进行外、内页边距的调整（如图4—11所示）。

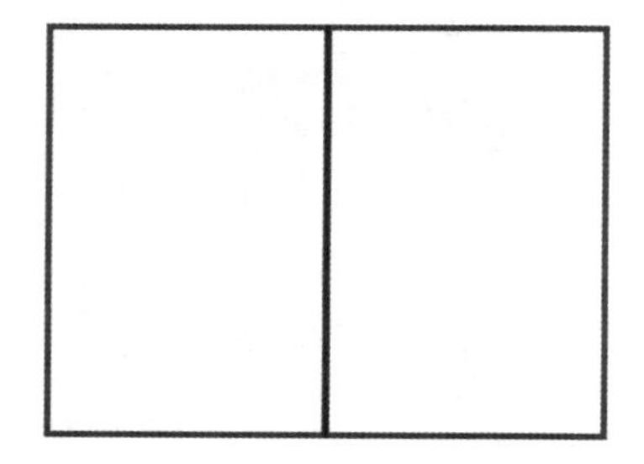

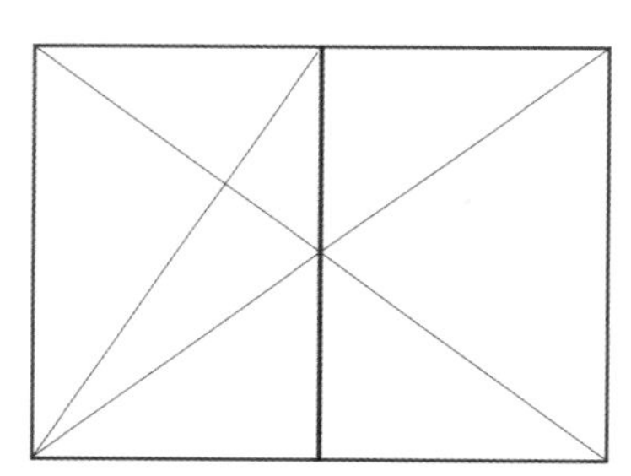

在页面中画短对角线

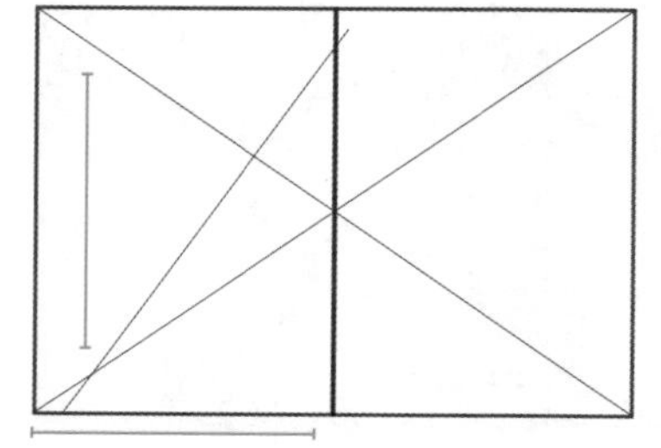

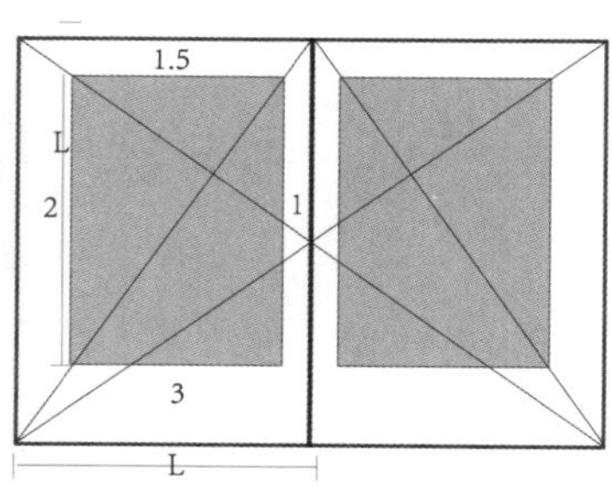

图4-11 黄金分割版心的绘制

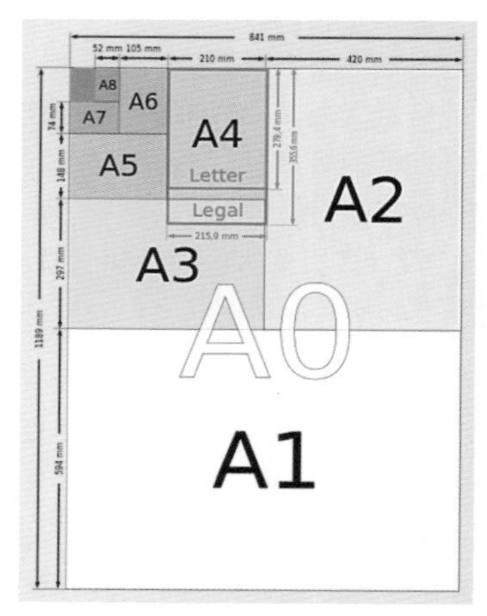

这是现在国际标准尺寸的纸张，从A0尺寸进行多次对折形成的A1、A2、A3等规格，其长宽比例为1：1.414，此种比例接近于黄金分割比例（也被称为白银比），所有的印刷作品都要受到这个尺寸的限制。在进行版式设计时，设计师就要在这个统一的版式中充分发挥自己的创造力。

4.2 网格系统的类型

在版式设计中，通过数学方式和自由方式能形成不同的网格结构。数学的网格系统主要指由水平与垂直的参考线构成的网格，这种网格结构可以根据需要进行设计，具体可分为分栏网格、单元网格、复合网格。如果页面为跨页，分栏网格也可以表现为对称式网格设计与非对称式网格设计两种。在分栏的时候，需要注意栏宽和页面的比例、栏与栏之间的间隔。

4.2.1 分栏网格

分栏网格是将版心纵向分成为单栏或多栏的网格区域，然后将图片和文字填入其中。分栏一方面是为了合理设定行长以方便读者阅读文字较多的作品，另一方面有助于使多个版面统一为相同的格式（图4-12～图4-17）。

TOULOUSE LAUTREC

Completed Works

图4-12 报纸（三栏式）

常见的分栏网格

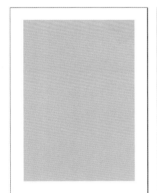
单栏式网格

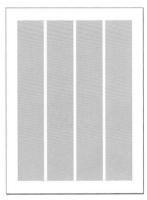
两栏式网格

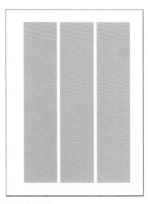
三栏式网格

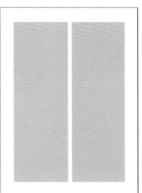
四栏式网格

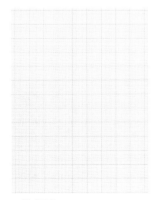
五栏式网格

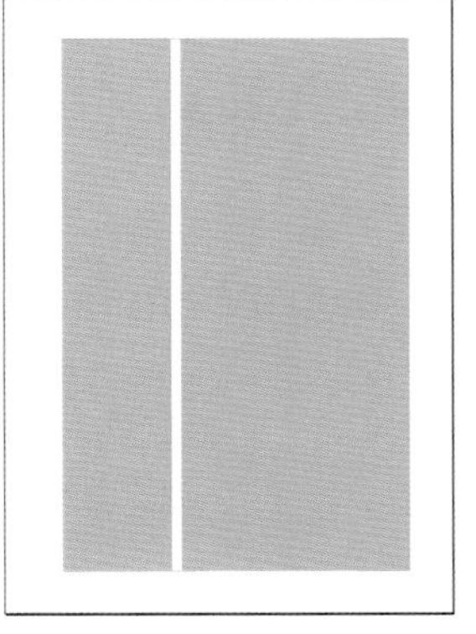
三栏式网格合并

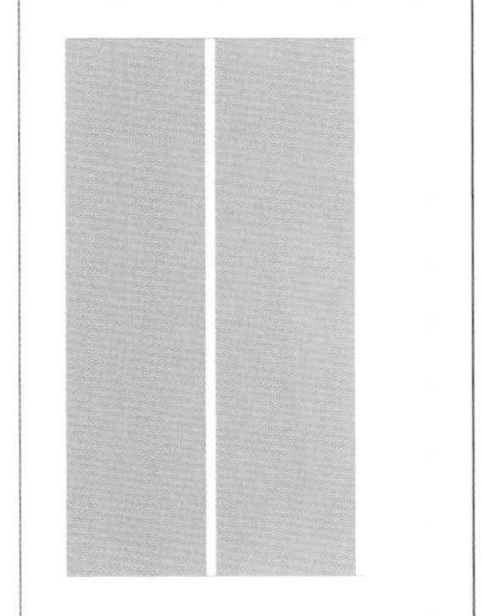
五栏式版面合并

图4-13 常见的分栏网格

单栏式网格

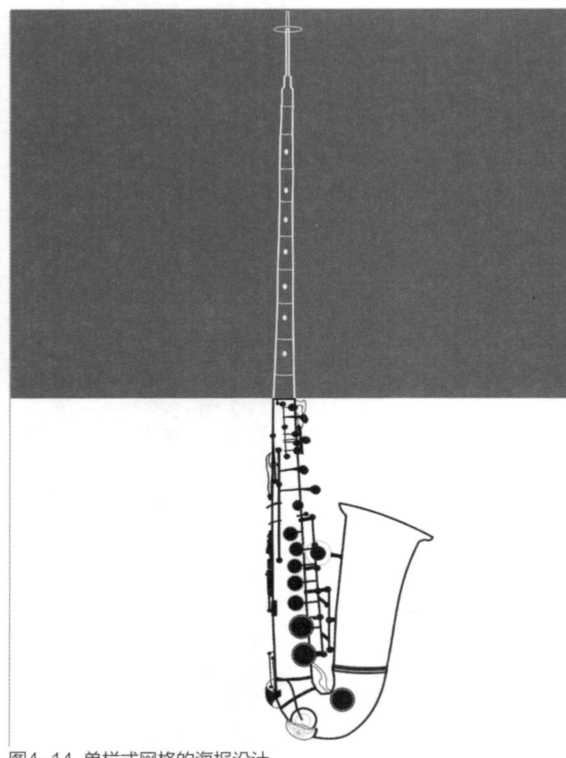

图4-14 单栏式网格的海报设计

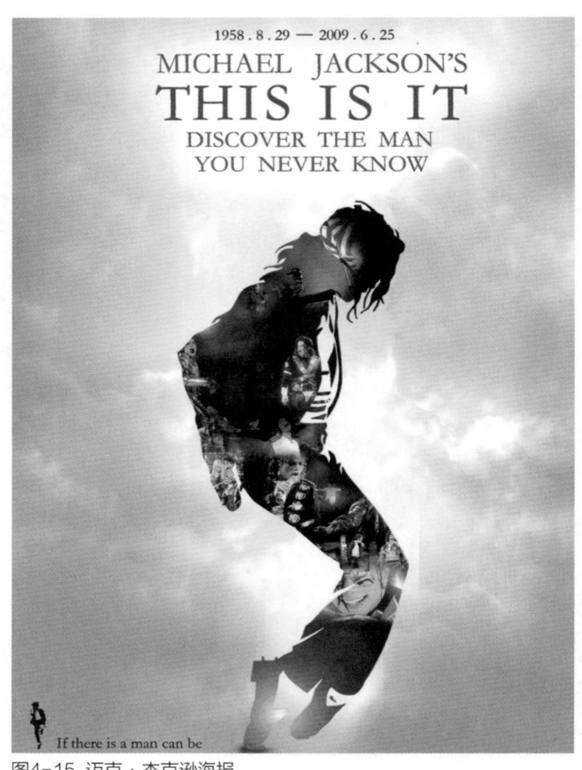

图4-15 迈克·杰克逊海报

图4-16 《旅行者》

多栏对称网格

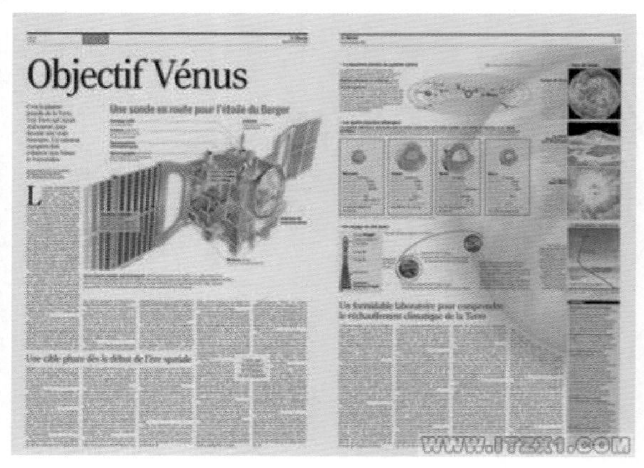

Objectif Vénus

Une sonde en route pour l'étoile du Berger

Une cible phare dès le début de l'ère spatiale

Un formidable laboratoire pour comprendre le réchauffement climatique de la Terre

图4-17 多栏对称的报纸设计

双栏对称网格

右图中的版面设计采用双栏对称设计，对称网格主要起到组织信息、平衡左右版面的作用，这样的版面能够更好地实现版面的平衡，使读者在阅读的时候更加流畅，所以这种版面也是使用最广泛的。但是双栏对称版式也会给人以呆板的感觉，本例通过图片的不对称排列、分割，很好地打破了这种呆板的布局，使画面看起来既有秩序感又富有节奏感（如图4-18所示）。

图4-18 书本中的双栏文字排版

右图中的版面设计左侧为单栏式排列、右侧版面以三栏式排列为主形成非对称式的版式设计风格，非常适合于时尚类杂志的版式设计，它的整个画面简洁、大气、庄重而又不失变化（如图4-19所示）。

图4-19 三栏式，杂志内页

课堂实践一

尝试分析以下例图（也可以找其他例图）并手绘出例图中隐含的网格结构线（如图4—20和图4—21所示）。

要求：

（1）绘制出大概的图形及版式设计中的主要网格结构。

（2）用文字概括出例图中版式的布局形式。

图4-20 杂志内页板式设计

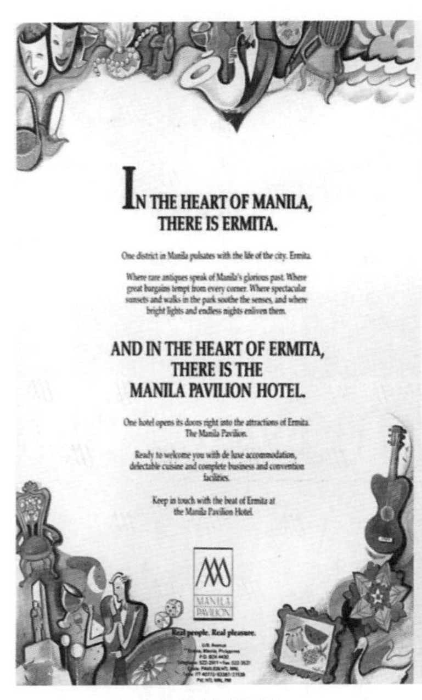

图4-21 宣传海报的单栏设计

案例分析

宣传册内页的版式设计

图4-22 书刊内容分栏设计

三栏式版面合并

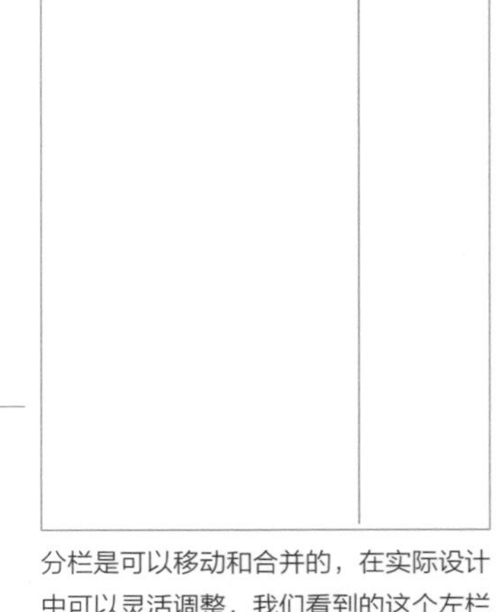

分栏是可以移动和合并的，在实际设计中可以灵活调整，我们看到的这个左栏和右栏的比例为2:1，这是一个整体页面分栏的版式设计，主要是为了适应图像。这种设计方式也是一种常见的编排形式，它的整个页面理性、大气、富有秩序（如图4-22所示）。

4.2.2 单元网格

单元格网格是在分栏网格的基础上将版面分成同等大小的网格，再根据版式的需要编排文字与图片。这样的版式具有很大的灵活性，适合图像较多或页面信息分类较多的版面。在编排过程中，单元格之间的间隔距离可以自由放大或者缩小，但是每个单元格四周的空间距离必须相等（如图4—23所示）。

单元网格可以与栏结合形成复合网格，以单元格为基础，将设计用的图片和文字有选择地安排在一个或几个单元格内，在对页进行设计时可以形成非对称式的网格，此种方法可以让设计师更加轻松和灵活地在网格内安排图片和文字（如图4—23～4—29所示）。

图4-23 字母意趣性设计海报

图4-24 单元网格版面

其中图4—25的画面以双栏对称网格设计，左图为两栏与单元格结合的设计，达到吸引读者目光的目的，右侧以留白的排列形式与左侧版式呼应，左右两侧形成风格统一且又有主次关系的版式设计。

"Leila does not always fit in, or say what is expected of her, or have a choice to vote for a government that represents and protects her. Instead, she bikes to work and pays her own bills, tries to stay fit yet craves chocolaty things, is well-read, well-spoken, well-mannered, blind to prejudice but ready to battle it."

图4-25 双栏对称网格设计的书籍编排

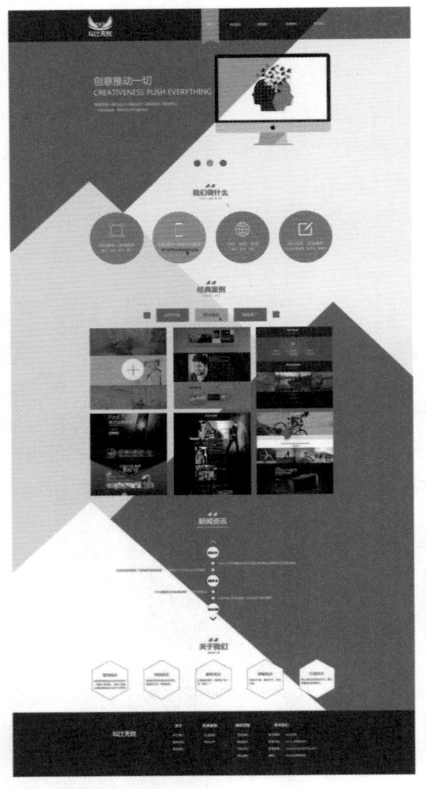

图4-26 网页设计中的编排

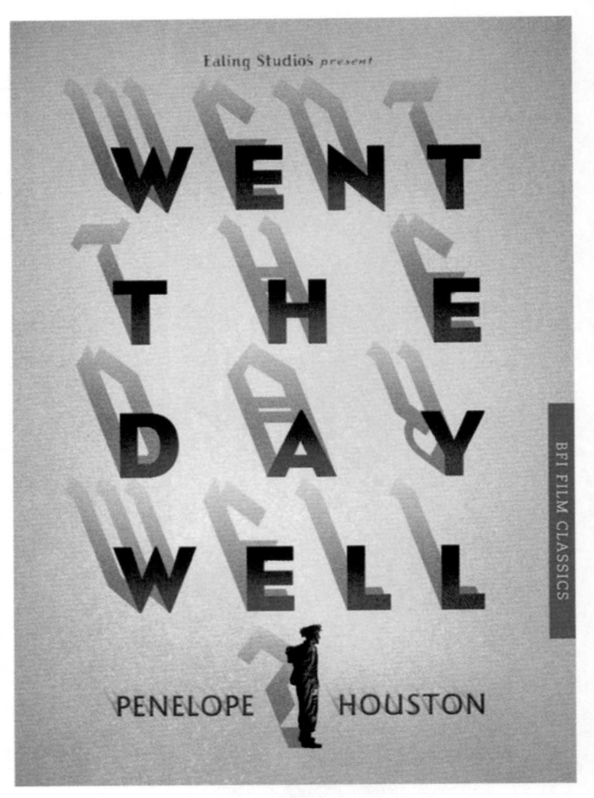

图4-27 PENELOPE HOUSTON歌曲宣传

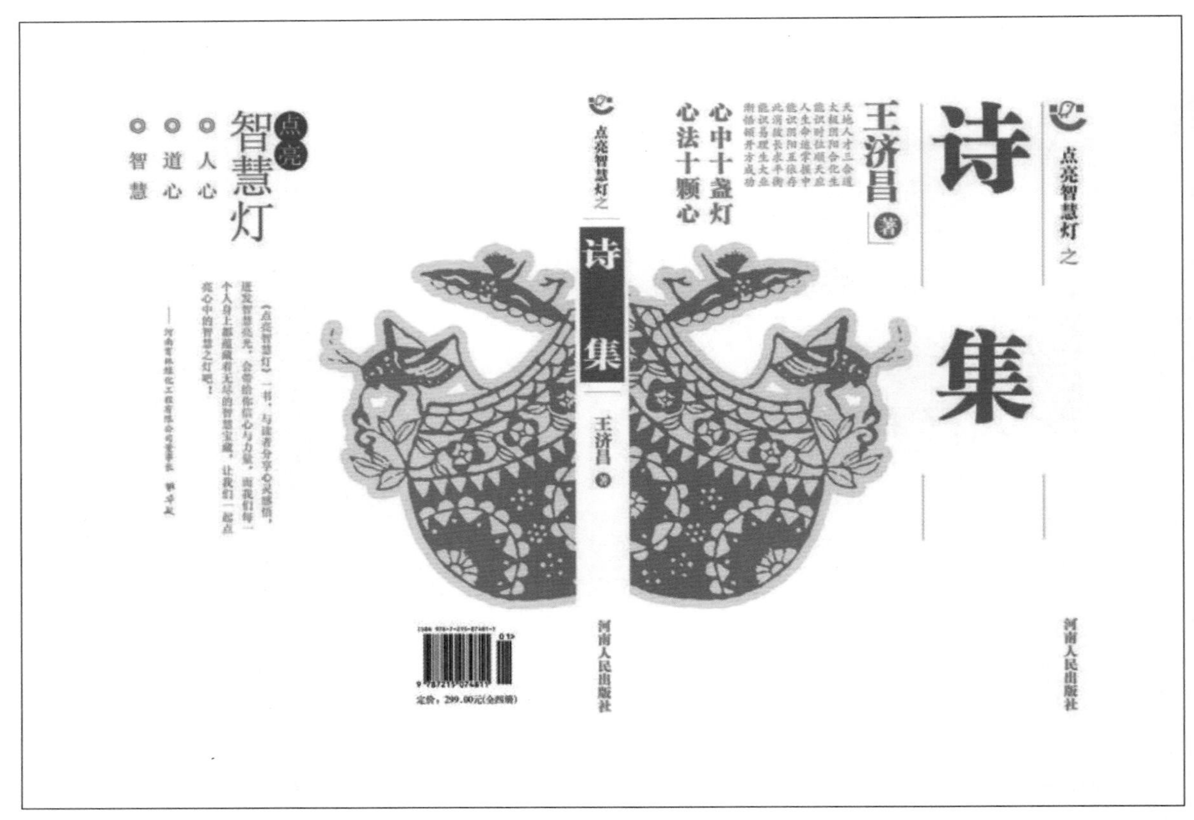

图4-28 书籍展开封面效果图

案例分析

报纸版式设计

Sports

Panthers primed to stop Seattle

Solution for Braves' pen in its youth

Davis gets five-game suspension

Dialing Win 900

UT's Summitt reaches milestone at Vandy

GPS duo on cross-state club team

图4-29 《运动新闻》报纸

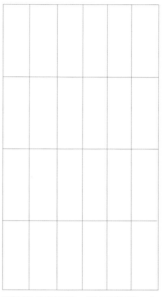

报纸版式采用了6×4的矩形网格。在细节上对网格进行了局部的自由调整，这样使版面富于秩序感和可读性，又不失变化。

课堂实践二

利用分栏网格系统设计制作图文搭配的个人作品集（如图4—30和图4—31所示）或个人简介折页，页数自定。

要求：图文搭配合理、色彩和谐，具有创意性，可在课堂分享。

图4-30 《个人作品集》版式设计内页 北京电子科技职业学院 胡杰

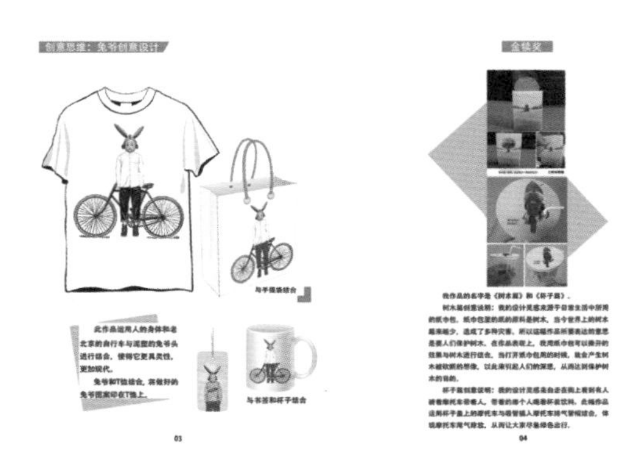

图4-31 《个人作品集》版式设计内页 北京电子科技职业学院 朱帅

4.3 网格版式的其他形式

一套好的网格结构可以帮助设计师明确设计风格，防止设计中发生随意编排的情况，使版面统一规整。设计师可以利用以下几种编排形式设计出灵活多变、协调统一的版面。

4.3.1 根据比例关系创建网格

建立网格也可以利用不同的数学原理，通过比例关系和单元网格进行创建。根据比例关系创建的网格能够确定版面的布局。

文字段落安排与空间具有十分和谐的关系。在实际应用中对称式网格不是测量出来的，而是按照比例关系创建的，如我们在之前谈到的黄金分割的应用(如图4-32～图4-34所示）。

图4-33 一套VI设计

图4-32 俱乐部海报

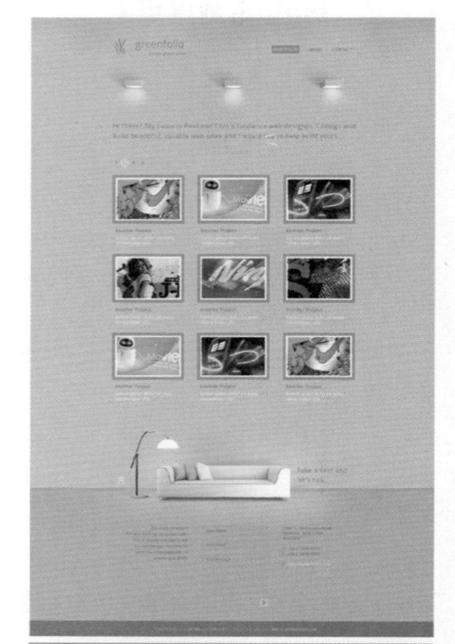

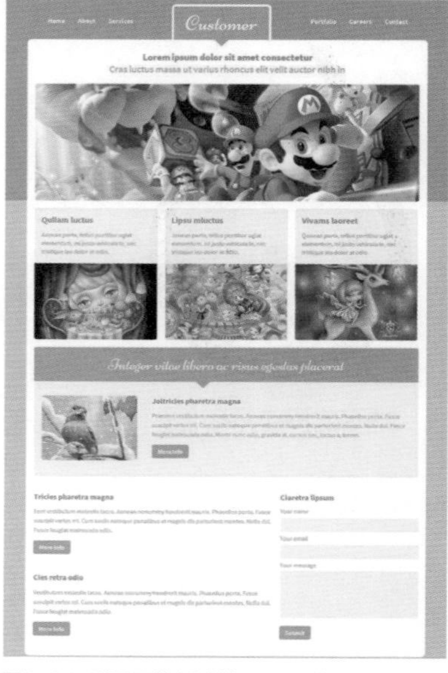

图4-34 利用网格板式的网页设计

4.3.2 成角网格

在版面中往往很难设置成角网格，网格可以设置成任何角度。成角网格发挥作用的原理跟其他网格一样，但是由于成角网格是倾斜的，设计师在排版的时候，能够借此打破常规以展现自己的设计风格（如图4-35～图4-39所示）。

图4-35 宣传画（成交网格）

图4-36 影视宣传

图4-37 冰淇淋宣传

图4-38 《改变颜色》海报设计

图4-39 《现代电器》宣传图

4.3.3 网格的编排形式

（1）多语言网格编排。在版面中出现了多种文字的情况下，通常内容驱动着设计的发展与完善，而不仅仅凭创造性来编排版面。

（2）单版面中信息过于复杂，出现了若干个不同的元素的时候，在信息传达上很容易造成阅读困扰，使读者阅读起来也比较困难。此时可以通过网格的形式对版面信息进行调整。

（3）数量信息网格的运用，主要功能是加强设计的秩序感。在表现数据较多的数据表中，网格的编排运用十分重要。

4.3.4 打破网格——自由版式设计

还可以打破网格的约束，使版面设计更具有自由性。书籍、杂志等多页版式需要保持一致的设计风格。设计单页版式的时候，设计师可以考虑自由发挥，如设计宣传单页或招贴，需要在第一时间吸引读者眼光，所以更加需要具有创意的版式设计。

自由版式设计的特点首先是字体的图形化处理，通过电脑软件的处理，形成多种风格且极具个性化的字体样式。

自由版式的图和底都是设计的元素，需要设计师整体把握。完全的自由版式设计可以不考虑传统的天头、地脚、内外白边。文字可以突破这些区域，使整个版式更加具有个性化和独特性（如图4—40和图4—41所示）。

图4-40 招贴设计（于欢）

本章小结及作业

网格系统能够帮助设计师在设计版式的过程中拥有完整的构建决策。本章介绍了网格编排的多种应用形式，能够帮助学生更快速地掌握网格系统。

1.训练题

分析网格系统在不同版式中的应用。

要求：以文字的形式介绍并附加图片。

2.课后作业题

（1）运用所学知识和原理，以儿童产品为主要信息载体（或其他熟悉的产品）进行栏状形式的网格编排设计。可以灵活运用网格的设计原理进行构思。

（2）设计景泰蓝宣传册(4页)，运用复合网格形式进行版面设计。

要求：根据网格的结构形式对文字与图片进行合理编排。要求整个版面信息传达明确、结构清晰、层次清楚、主题突出。

图4-41 关于BABY的宣传报纸

第5章

图文排列的基本方式

主要内容：

本章主要介绍在编排图文时，图文左对齐、中间对齐、右对齐、装箱式4种基本排列方式。

重点、难点：

掌握图文排列与整体设计风格的搭配。

学习目标：

学习图文排列的基本方式，并能熟练运用。

在版面设计中，图形与文字的编排形式会影响着整个版面的效果，不论在书籍设计还是在招贴设计中，版式的文字、图形排列都很重要（如图5-1和图5-2所示）。为了实现良好的视觉效果，下面介绍4种图文排列的基本方式。只要掌握这几点，就可以做出不错的版式设计。这4种方式分别是左对齐、居中对齐、右对齐、“装箱式”排列。下面逐一对其进行介绍。

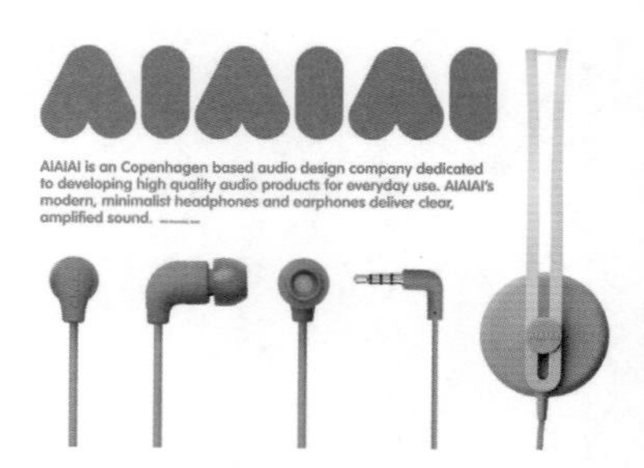

图5-1 耳机宣传

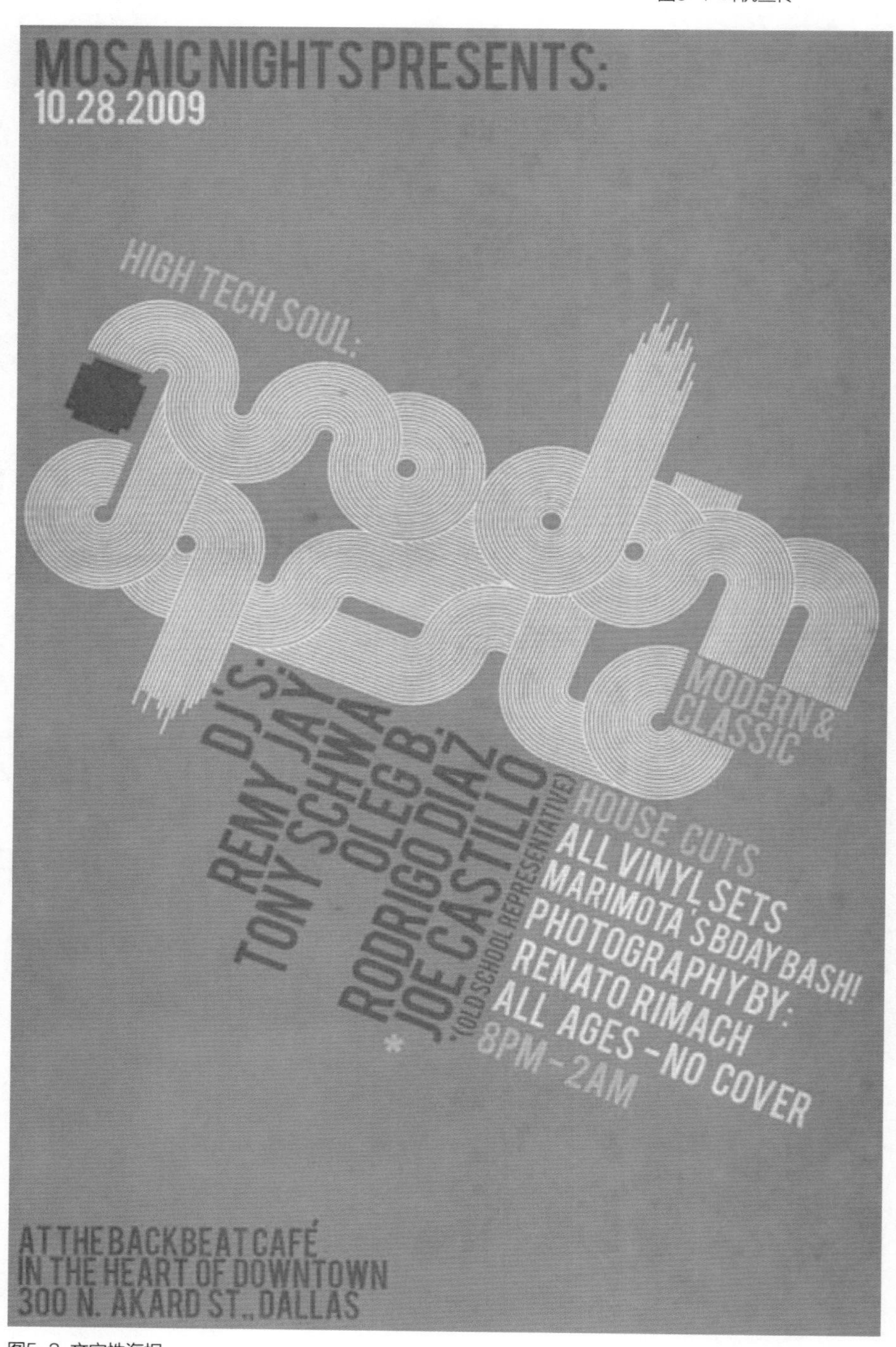

图5-2 文字性海报

5.1 图文左对齐

这是版式设计中的基本方式之一：左对齐排版。

它是四大基本方式中使用最平凡的一种。它有着齐头散尾式的特征，与人们从左至右的阅读习惯相吻合。它的使用方便美观，读者可以沿左侧整齐的轨线毫不费力地找到每一行的开头。左侧整齐一致，右侧长短随意，可以造成规整而不刻意的编排效果。

这种形式在宣传杂志、海报、网页等方面都很常见，在Word中以默认的对齐方式输入文档时，也用这种对齐效果。不管是多么复杂、无章的内容，只要是字头对齐，就会显得井井有条，富有美感。不论是横排版还是竖排版，都可以采用左对齐的方式。

这样的例子比比皆是，我们可以参考本页中的例图（如图5-3～图5-6所示）。

图5-3 灯箱文字（左对齐）

图5-4 《继续唱歌》海报

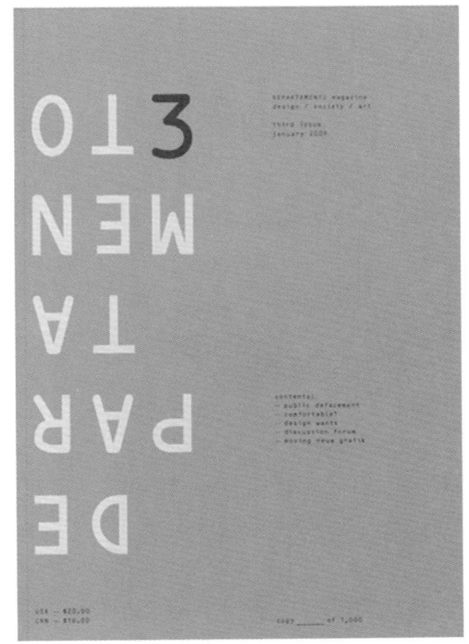

图5-5 单个字母排列

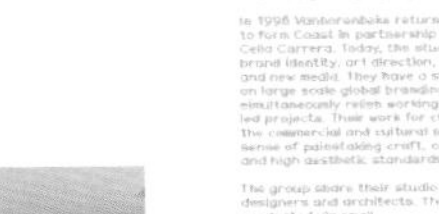
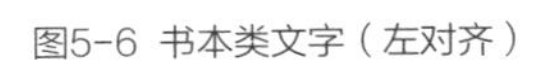

Coast
Founded: 1999
Personnel: 4 designers plus studio manager
Location: Brussels, Belgium
www.coastdesign.be

Where did you study?

Celia Carrera and me met at the Ecole de Recherche Graphique in Brussels, where we studied graphic design and all sorts of things during our four years there. It was the kind of experimental school where multidisciplinary means 'all you can do'. Creativity in any field could be expressed either through visual language, written language or conceptual art. I also spent a year studying economics before going to art school.

What prompted you to start your own studio?

As a student I had already worked on some freelance jobs and wanted to apply to design studios in Brussels. Things have changed now, but back then communication and visually-related communication was ruled by advertising agencies and corporate studios with a dated approach to graphic design. So I made the decision to move to London. A lot of design studios inspired me back in 1995 – Why Not Associates, Farrow, Cartlidge Levene. After contacting some, I met Rob O'Connor, founder of Stylorouge, who offered me a placement for a week. This placement became a job, a wonderful job. I worked for some great music clients and I met great individuals who now run their own studios: Christopher Thomson (Studio Thomson), Tony Hung (Adjective Noun), Andy Huckle (1358), Richard Bull (Yacht). I decided to go back to Brussels in autumn 1996 to launch my own design

图5-6 书本类文字（左对齐）

5.2 图文居中排列

居中排列是最传统的一种方式，让整体的设计要素集中于画面的中部。

居中排列的特征是当各行长短不一时，将各行的中央对齐，文字中心向两侧伸展排列，组成对称美观的文字群体。这种排版方式使画面看起来显得均匀整体。这也是它的优点所在。但是也显得较为普通，所以其重点在于设计与元素的使用。

另外均匀的排版设计容易让人体会到它的品质与韵味。这种方式被经常用于海报，或者是高级会展的海报与封面等（如图5–7～图5–10所示）。

图5–7、图5–8中的文字居多，在使用居中排版后会显得比较单调，没有很强烈的视觉冲击。而且太过于对称的排版会使版面失去活力。所以，设计者在这两个图的左上角与右下角分别加入了一些元素进行点缀，还利用了颜色、图案。这些元素的添加打破了平衡，使版面产生了律动、富有变化的效果。

图5-8 创意海报（居中对齐）

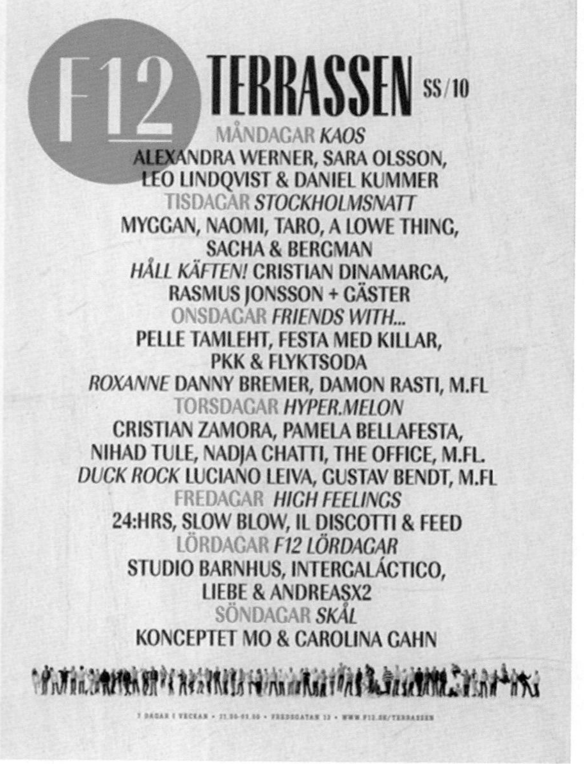

图5-7 海报宣传（居中对齐）

图5–9、图5–10分别是名片与海报的设计。其中名片中的排版使用的就是居中对称，看起来简洁大方，给人稳重、诚信的感觉。

而相对应的海报设计，虽然采用的是居中对齐，但是设计者精心地将版面中的平静打破了，让画面显得更加活跃。海报中彩色的书籍长短不一，还有在版面右下角添加了一颗红苹果，这些设计可是下了一番功夫。这种活跃的感觉恰巧突出了海报设计的特征，醒目、抢眼，具有足够的视觉冲击力。

图5-9 名片设计

图5-10 艺术海报

5.3 图文右对齐排列

在图文排列中，右对齐是使用最少的一种方式，它的排列是使文章的结尾对齐，始端参差不齐，读起来会很不方便。如果书是从左边翻开，右侧的文字采用右对齐的方式，这样阅读起来会稍微好一点。这种齐尾散头的对齐方式在现代社会的一些商务、时尚杂志，宣传广告中会使用到，但是用的范围很小，大多是介绍图片（如图5−11～图5−14所示）。在一般读物中这样的方式还是少用为宜，文章的开头凌乱，读起来会很困难，增加了读者的阅读难度。

图5−11中蓝色的天空、彩色的热气球看起来很是显眼，右侧的文字起着说明作用，主要展现了商品，让人们对商品一目了然，有着良好的印象。另外添加在左上角的logo和文字对版面起到了平衡作用。

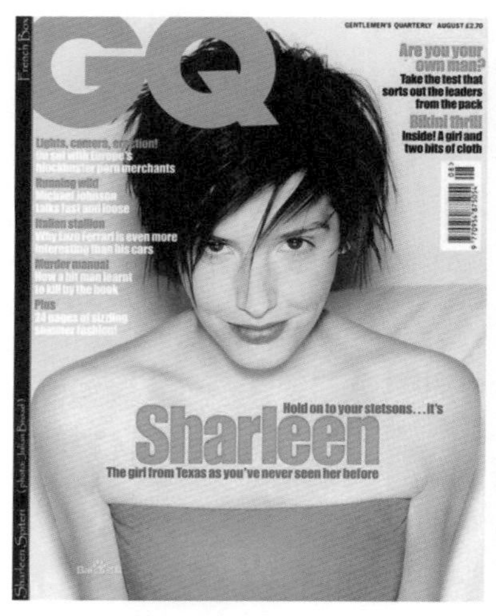

图5−12 服装杂志封面

图5−11 热气球广告

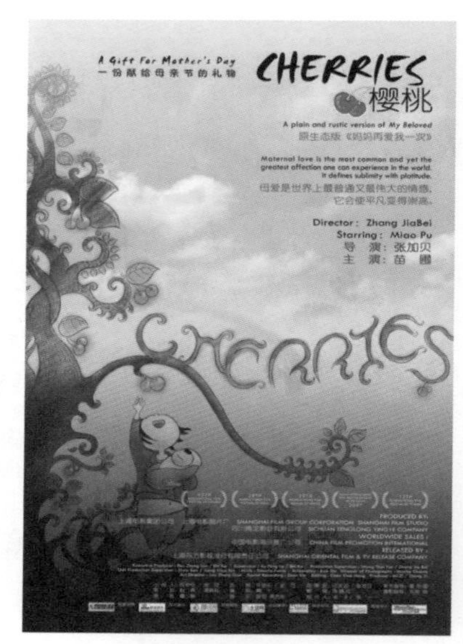

图5−13 少儿电影宣传海报

图5−14 《空中的太阳》宣传画编排

5.4 图文“装箱式”排列

“装箱式”排列是指将文字放在一个固定的框架中。在输入文字的时候，如果其中有需要强调的部分，可以用线将其框起来，这个线就称为“边框线”。我们在翻看读物的时候，文字看起来就像装在盒子里，所以有“装箱式”排列的这种说法（如图5-15所示）。

一般在书籍设计中除了正文部分，小贴士、提醒等会使用到这种“装箱式”排列方式。这种排列方式看起来十分美观简洁。

装箱式的种类有很多种，可以使用四角形，这样看起来具有稳定性；也可以将四边形的角变为圆角，这样会较为柔和；菱形会显得不稳定，却容易引人注意。还有圆形、箭头形等（如图5-16～图5-18所示）。

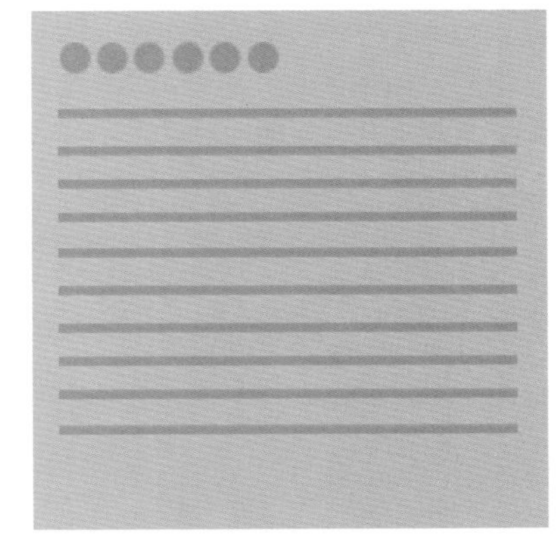

图5-16 方形框

图5-15 报纸宣传页

图5-17 圆角矩形框

图5-18 圆形框

边框线的使用：一般都会采用不大明显的黑线来框在文字周围，只要能让读者注意到这部分内容就可以了（如图5—19所示）。如果想特别醒目的话，可以将线条加粗或者使用花边等（如图5—20所示）。但在使用边框的时候要注意不要使用得过多，否则会失去整体上的统一感。

图5-19 《巴塞罗那》宣传海报（装箱文字）

本章小结及作业

在版式设计中，图文的编排尤为重要。本章介绍了图文不同形式的编排效果，这样更有利于学生在编排的时候掌握。

1.训练题

查看图文编排在不同媒介里的编排效果。

要求：搜集至少3种媒介中的图文编排，并且附上个人观点的说明文字。

2.课后作业题

搜集你喜欢的海报作品，看看作品中的图文编排。

要求：搜集不同风格、不同形式的图文编排效果（至少10张）。

图5-20 边线框

第6章

如何引导读者的视觉顺序

主要内容：

本章主要介绍如何利用编排来引导读者的视线，并且吸引读者的视线，使需要传播的信息完整地传播出去。

重点、难点：

如何利用版式中的内容与设计元素来引导读者的视线，如何留住读者的视线。

学习目标：

让学生在设计作品时能站在读者的角度替读者考虑问题，了解读者的心理，从而设计出成功的作品。

6.1 如何吸引读者的视线

版式设计是让版面中的内容变得有条理，更容易吸引读者的视线。但是如果这样的设计不能够完全地吸引读者，内容不能够引起读者的兴趣，同样不能达到传播的目的。让读者进一步阅读内容，首先必须要深入到内容的部分，可以通过标题以及解说词直接透露内容吸引大众（如图6–1～图6–4所示）。

6.1.1 广告语

广告语，又称广告词。广告语是指通过各种传播媒体和招贴形式向公众介绍商品、文化、娱乐等服务内容的一种宣传用语，包括广告的标题和广告的正文两部分。它在招贴海报设计、包装设计、平面广告中使用居多。

图6-1 劳动者海报设计

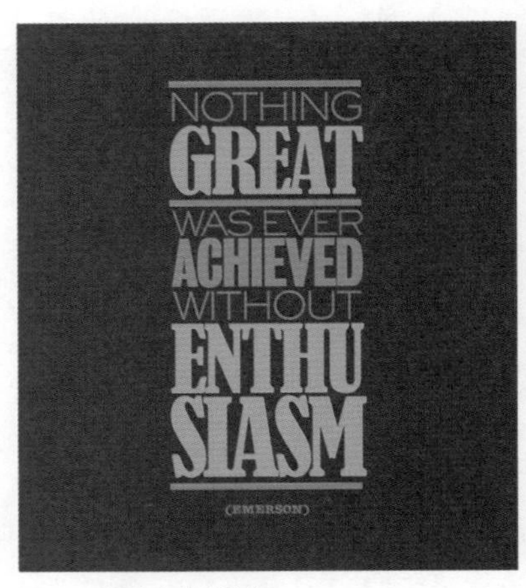

图6-2 爱默生宣传海报

图6-3 摄影展海报

图6-4 炫彩字母的版式设计

广告语可以简洁直接地挑起人们的兴趣，它是具有可读性的，能够诉说读者的心灵。人们在看到广告语的瞬间，能够理解，并且产生共鸣，这样可以吸引读者来阅读接下来的内容。

广告语在版面中字体大、颜色醒目，这样才能快速地捕捉人们的视线，告诉人们这里宣传的内容是什么，人们才能静下心来细读你所需要传播的信息。

所以，广告语要简短易记，突出特点，号召力强，适应需求。图6-5中以白色为基调，使用红黑色的搭配，看起来简洁、有个性。一行醒目的黑色标语抓住人们的心，引起人们的阅读兴趣。

6.1.2 宣传画

宣传画具有造型简括突出、色彩鲜明等特点。能够吸引人们的视线，通过颜色、形状、体积等来发挥作用，可以加强人们的印象（如图6-6～图6-9所示）。

宣传画的种类也有很多，有政治文化、公益宣传、商业宣传等。例如经典电影、戏剧、明星的海报等，版面中的宣传画总能一下就锁定了人们的目光。

图6-5 黑白红三色运用的海报设计

图6-6 电影宣传海报

图6-7 少儿教程海报

图6-8 酒的宣传广告

版面中宣传画的位置要放置得适当，不能紧贴边缘，或者太小不显眼等。而且在宣传画的旁边都会配上一些相关文字，或者是广告语。

案例分析

如图6—10所示，威士忌JB酒宣传海报商品中，采用了商品和材料来作为画面的主题内容。画面不论是颜色的搭配还是图形的构图都恰到好处，不仅表现出酒的劲爽，还表现出水果的清新，勾起了人们的味觉，让人想品尝一番。

在此宣传海报中还利用了"压角"和"屏障板"这两个技法。不仅留住了读者的视线，还推出了产品，树立了产品的形象。

图6-9 奶酪宣传海报

图6-10 威士忌JB酒宣传海报

6.1.3 醒目的标志

标志(logo)，是表明事物特征的记号，它有着单纯、显著、易识别的特征。

版式中醒目的标志可以快速地吸引人们的眼球，并且能在一瞬间让人明白是什么，这就是标志的象征性和信息性的体现。标志要有醒目的形状和醒目的颜色，让人一眼看上去要素就能够成立。颜色，比如红色、荧光绿、荧光黄等；形状，比如心形、苹果形等，都很讨人喜欢。

知识链接："爱德玛"法则

AIDMA法则是由美国广告人E.S刘易斯提出的具有代表性的消费心理模式。它总结了消费者在购买商品前的心理过程。消费者先是注意商品及其广告，对哪种商品感兴趣，并产生一种需求（如图6-11和图6-12所示），最后是记忆及采取购买行动。英语为"Attention（注意）——Interest（兴趣）——Desire（消费欲望）——Memory（记忆）——Action（行动）"，简称为AIDMA。类似的用法还有去掉记忆一词的AIDA，增加了相信（Conviction）一词，简称为AIDCA。AIDMA（爱德玛）法则也可作为广告文案写作的方式。

图6-11 植物造型的海报设计

图6-12 《三角洲部队》电影宣传海报

6.2 信息板块的作用

在版式设计时，将信息划分区域进行归类是很重要的。在版式中每个版块都有着它要传达出的内容和作用，下面就介绍版式中信息版块的作用。

6.2.1 标题

标题以简洁的语言归纳了正文的内容。人们只要看一下标题就知道后面的文字写的是什么内容，这样阅读起来会很方便（如图6–13～图6–17所示）。所以我们可以利用标题的这点加以设计，进一步引起读者的兴趣。

标题的内容是属于编辑范畴，但是设计者需要了解标题的意义，这样有利于设计。标题必须简洁、简短，这样易于排版。标题排版的位置是在正文的上方，可以使用较大的字体，也可以加粗。标题有大标题、小标题的区别，大标题是整章内容的归纳，小标题一般是一节内容的一个概述，在设计字号的时候要有所区别。

图6-13 大标题海报

图6-14 饮料的宣传

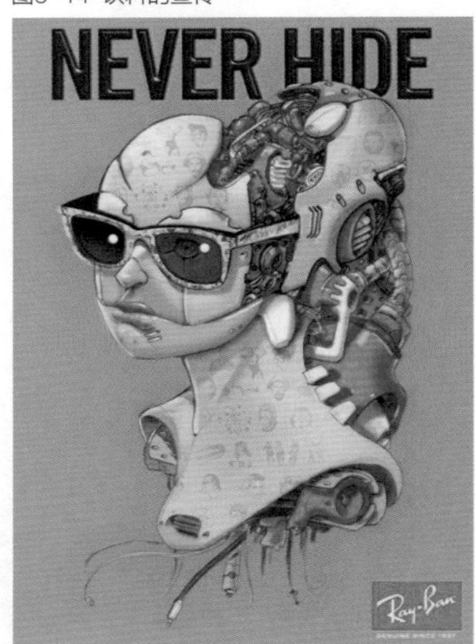

图6-15 眼镜的宣传广告

图6-16 文本海报示例

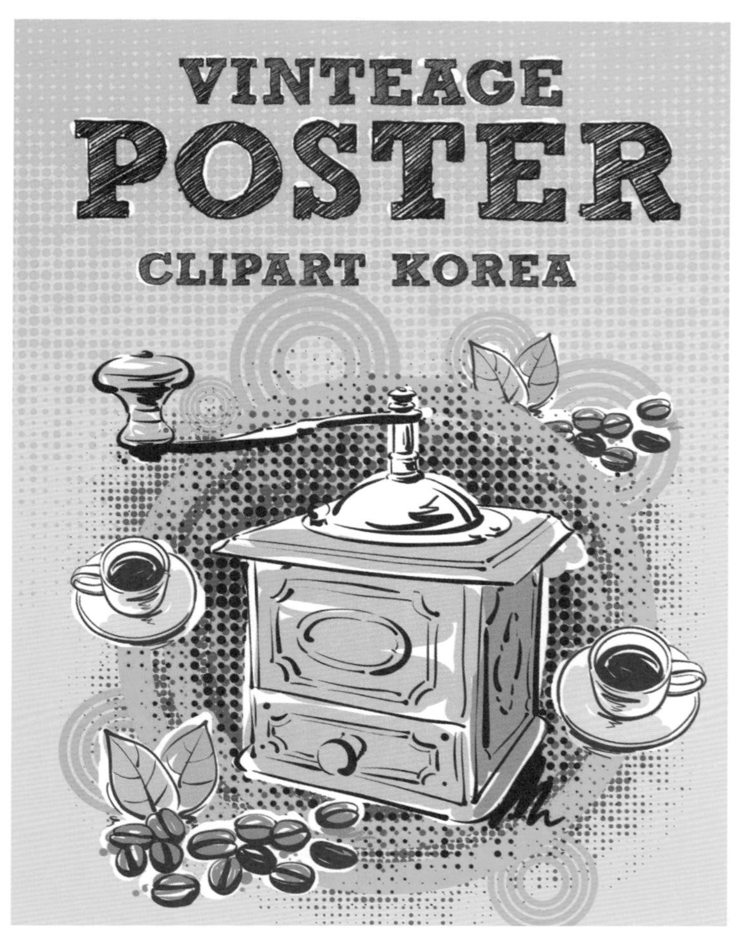

图 6-17 咖啡机宣传

6.2.2 内容简介

内容简介具有说明信息的作用（如图6–18～图6–20所示），主要是抓住信息内容的实质，加以介绍，文字精炼，字数一般在300字左右。

在读者对广告语感兴趣的前提下，便会细读内容。内容简介具有一定的说服力，可以抓住读者的心，给读者留下一定的印象。所以内容简介一定要明确想要传达什么信息，明确信息的亮点在哪里，这样突显信息，才能达到更好的宣传效果。

内容简介的字体可以使用小字号，放在广告语的旁边，这样读者对此宣传有了兴趣，便会细读文字。

6.2.3 导向信息

导向信息是将人们引向某个目的或者是某种行动的信息。导向信息包括活动信息、发售信息、招待信息，以及营业信息等。不论是哪种导向信息，都要站在客户和读者的角度来处理问题。

导向信息应该放在容易看到的地方，一般会放在页面的低端，例如我们平时看到的地图，拐弯的位置都会标志信息，卫生间、出口进口都会有明确的标志等，这样才会便于人们查阅信息。这也说明了在设计的时候，要站在读者的角度来考虑，否则设计出的作品不能够满足人们的需求。

图 6-18 牛奶广告

图 6-19 “破碎的社会场景”乐队巡演海报

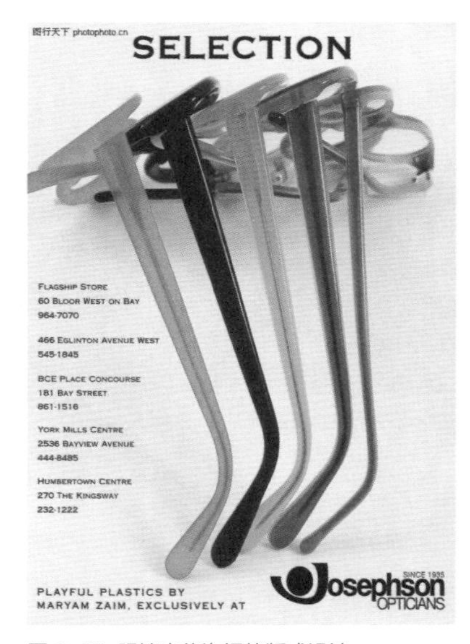

图 6-20 眼镜宣传海报的版式设计

6.2.4 解说词

解说词是指对版式中图片的说明文字，作用是解说图片和插图，发挥对视觉的补充作用（如图6—21～图6—25所示），让读者在观看图片的同时，又能够从文字的表述和解释中增加对图片的印象。

解说词除了有说明图片的作用，还被用作标题和景观介绍、字幕等。

版式中搭配的图片配上解说词，可以满足读者对图片的好奇心，例如版式中漂亮的风景照，读者看到之后会特别感兴趣，希望更多地了解这个地方，如果没有解说，读者可能会感到失望。所以解说词也是为读者的一种考虑。

图6-21 杂志解说

图6-22 伦敦食品宣传

图6-23 图片解说

图6-24 报纸解说

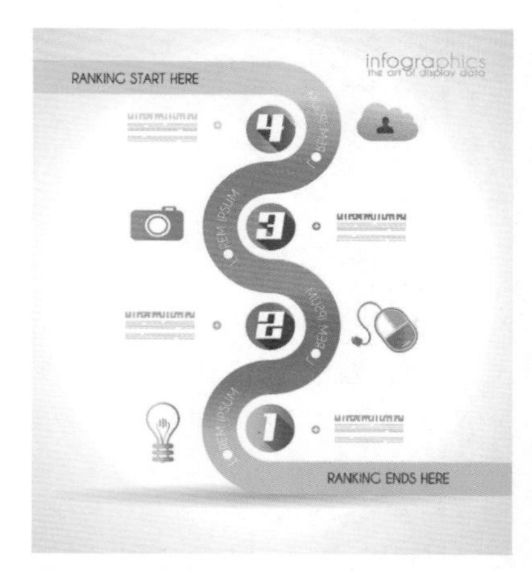

图6-25 图表解说版式

6.2.5 对话框的内容

对话框的形式多种多样，可以根据不同的需要进行选择。我们在漫画书上就经常多见对话框，对话框有个指示的一头，标志着是谁说的话。这样的部署，给人一种真实的感觉，就好像能感觉到人物在说话。所以在版式中，框中的内容会给读者一种真实叙述的感觉。这种手法在宣传商品的时候再适合不过了。图6−26所示为鸡尾酒宣传海报。

图6-26 鸡尾酒宣传海报

6.3 如何引导读者的视线

利用读者视觉心理来引导视线，把握读者的倾向，并将其运用到设计中，就能够很好地将设计中的信息传达给读者。我们将这种心理倾向称之为视觉心理。设计师要学会引导读者的视线，让读者关注你所希望他们关注的地方。

图6-27 杂志封面

6.3.1 自上而下移动

我们最自然的视觉移动是自上而下，可以利用这一点来进行设计。

大多数媒介排版都是以自上而下的视觉来引导的。就像娱乐新闻的头条，都会放在页面的最上端。报纸的重要新闻也是放在最上端。宣传单页也是如此。通常设计师会将最上面的标题设计得很大，捕捉读者的视线。对于宣传单页，只有把核心商品尽量安排在上端，读者首先看到，觉得感兴趣，才会往下阅读（如图6-27和图6-28所示）。

根据这个原则排版，要注意文字的书写方向，文字横排的时候是由左上角往下一行移动。文字竖排的时候是由右上角开始往下移动，自右往左。

图6-28 报纸设计

6.3.2 从大到小移动

在平时生活中，我们会注意到大的东西。因为大的东西具有视觉容量，会给人带来视觉冲击，吸引人们的注意力。特别是两件物品颜色或者材质相同的时候，人们往往会先注意到体积大的东西。

所以根据这个原理，我们应该将强调的文字或者是图片放大。例如，我们看到的一些标题的字号都会比较大，这样首先会吸引读者的视线，并且让读者快速接受到信息，然后可以利用由大到小的顺序来引导读者阅读内容。

图6-29中，首先映入眼帘的便是气质的职业女性。吸引人们来观赏商品；其次会注意到左下角手表的细节，突出手表的质量、品质；然后会阅览右下角的手表的整体外观。这样依次由大到小地吸引读者接受了商品的所有信息。

在版式中字号越大，越能吸引眼球，吸引眼球的程度被称为“跳跃率”。重复地利用这种跳跃率，可以使画面显得更有活力。但是，过大的东西会让人们接受不到全部的内容，因为人们的视野有限，超出视野以外的东西就会被忽略。所以并不是越大越好，应该保持在适当的范围内（如图6-30～图6-32所示）。

图6-29 手表宣传图层

40 *Anish Kapoor*

Anish Kapoor's ethereal explorations of the interplay between light and space have made him famous, but his latest works are an almost scatological celebration of 'stuff'. *Sarah Kent* talks to the sculptor as he prepares for an ambitious new exhibition at the Royal Academy, while photographer *Leon Chew* documents the work in progress

Material world

图6-30 书籍内容

图6-31 刊物

图6-32 手提袋

6.3.3 相邻的物体

在我们观看物体的时候，视线会自然地向相邻的物体移动。人们总是习惯性地首先观察最近的东西。如果我们排版不明确的话，读者的视线会找不到落脚点。如果想要引导读者的视线，可以将接下来的内容放得近一些，便于读者阅读。

图6-33中鞋子的三个角度的图片相邻地摆放在了一起，清晰明了。看到第一幅图片后，会自然地阅读下一节的内容，这样读者依次浏览图片，便会阅读完所有的内容。

那么人们为什么会在相邻的物体间移动呢？因为眼睛在看事物的时候，与之相邻的东西已经进入了视野，我们只要稍微移动一下视线，就会观看到它。

这是比较容易引导的一种视觉心理，只要在相邻的地方放置你需要呈献给读者的内容就可以了（如图6-34～图6-36所示）。

图6-34 人物照片集

JACK'S TIPS & TRICKS

Fancy Footwork

Although Jack Purcell's success was often attributed to his mastery of deception, his incredible speed contributed to his dominance as well. His fleet-footedness allowed him to retrieve the farthest-flung shots; it also helped him reach nearby shots with time to spare so that he could do with the birdie as he pleased. The three steps below will help you follow in Jack's footsteps.

1. Get a Move On

2. Stay On Your Toes

3. And Conserve

HISTORY LESSON

How the Shuttlecock Got Its Name

LIKE SHUTTLES THROUGH THE LOOM, SO SWIFTLY GLIDE MY FEATHERED HOURS...

图6-33 相邻的图片

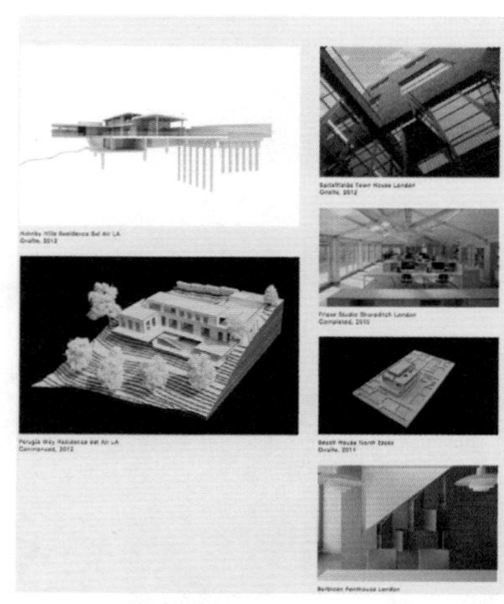

图6-35 模型照片集

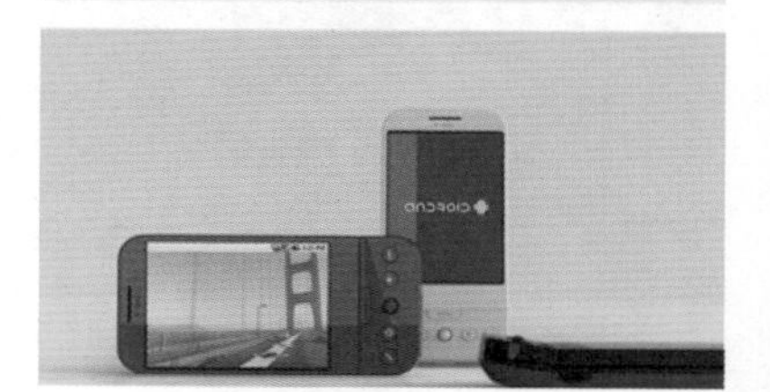

图6-36 手机宣传图

6.3.4 相同形状的利用

人们通常会习惯性地选择相同的事物来进行查阅。而最先会记住的形状，如圆形、三角形、方形等。如果在排版时不能利用自上而下或者从小到大的原则来引导读者的视觉，可以试试用“同形移动”的原则（如图6–37和图6–38所示）。

我们可以在需要传递的信息主题前加上一些符号，这样一来读者会记住这些符号，在阅读完后，会自然地寻找线条符号的内容进行阅读。利用这些符号的位置，我们可以对读者的视觉进行一定的引导。

图6–38所示报纸中文字内容的上端有一条长方形。长方形的右边有个标志性的箭头符号。人们阅读文字的时候，可以知道文字相关的图片位置在哪。阅读时就会记住形状下是主题内容，而箭头的方向就是图片的位置。

在引导视觉时采用什么样的图形都是可以的。一般超市里的特价商品会采用一些爆炸标志来引起消费者的注意。另外，重点内容大多会采用星形的符号。这个可以根据个人喜好和版面的需要进行选择。

图6–37 商品杂志

图6–38 报纸的版式设计

6.3.5 相同颜色的利用

色彩是版式设计中必不可缺的要素，同时也能给视觉心里带来一些影响。在阅读中，人的目光不仅习惯向着相同形状移动，还习惯向着相同的颜色进行移动。画面中同一种颜色分散开来，视觉就会随着颜色捕捉内容（如图6–39～图6–41所示）。

版式中文字、符号、图形都会有颜色。我们可以利用颜色给人的感受来引导读者的视觉。在图形文字中，可以从上往下一次使用相同的醒目的颜色，这样读者的视线会随之移动。利用这点，我们可以在版式设计的时候特定一种颜色进行设计，也可以在开头部分使用一种颜色，称之为标记色。见图6–40，接下来就会着重阅读米白色的文字。

在暖色的画面中，我们可以适当地使用一些冷色调来引导读者的视线。可以在每个内容板块的开头使用颜色，这样读者的视觉会随着颜色运动，也就接受了传递出的信息。

多肉植物的类型

多肉植物主要按其贮水器官的不同分为以下四类：

叶多肉植物

叶多肉植物如黑法师、福娘、筒叶花月等。此类多肉植物主要靠叶部来贮存水分，其叶部高度肉质化，而茎的肉质化程度较低，部分种类的茎带有一定程度的木质化，如芦荟、生石花、长生草、瓦苇等。

芦荟

茎多肉植物

茎多肉植物如布纹球、仙人掌等，此类多肉植物主要靠茎部来贮存水分，其茎部有大量的贮水细胞，表面有一层能进行光合作用的占位置，叶片很少甚至不长叶子。

红偏角

根多肉植物

根多肉植物如京舞妓、胡克酒瓶等，此类多肉植物主要靠根部来贮存水分，其根部肥大，能避免阳光灼晒和食草动物啃食，叶和茎在最干旱的季节会脱落以保持水分。

根多肉植物

全多肉植物的各个部分都是贮水器官，如葡萄瓮、万物相等。

CHAPTER 02 特殊的叶形叶色 101

图6-39 多肉书籍排版

图6-41 生活类宣传页

图6-40 酷炫海报

6.3.6 利用号码的顺序

在我们的脑海中，1、2、3、4、5……已经是一种最正常不过的固定顺序。从我们儿时起就已经习惯了这样的号码编排。在日常生活中，按号码排队、购物都会使用到编号。

所以在版式设计中，我们利用编号来引导读者的视线是非常有效的。而且不管怎么样，读者都会按照1、2、3……这样的顺序进行阅读，这就是编号的视觉诱导原理（如图6-42所示）。

这样的手法在版式设计中也是非常广泛的。如果在编号的周边加一些符号，或者是放大编号，用一些醒目的颜色，在引导视线上会有很好的效果（如图6-43所示）。

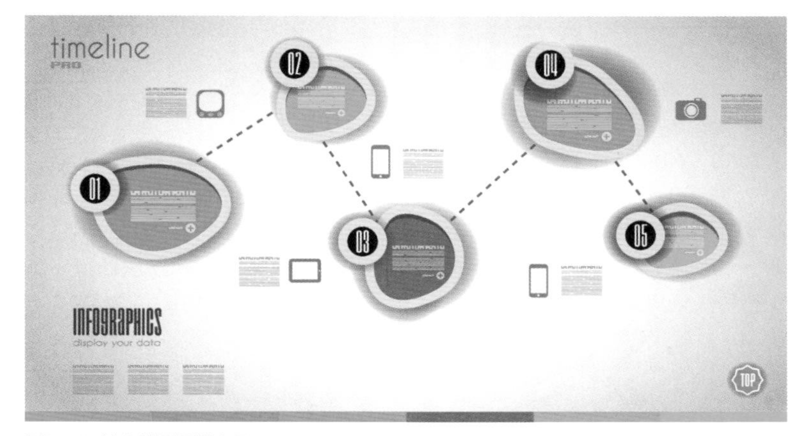

图6-42 数字引导视觉流程

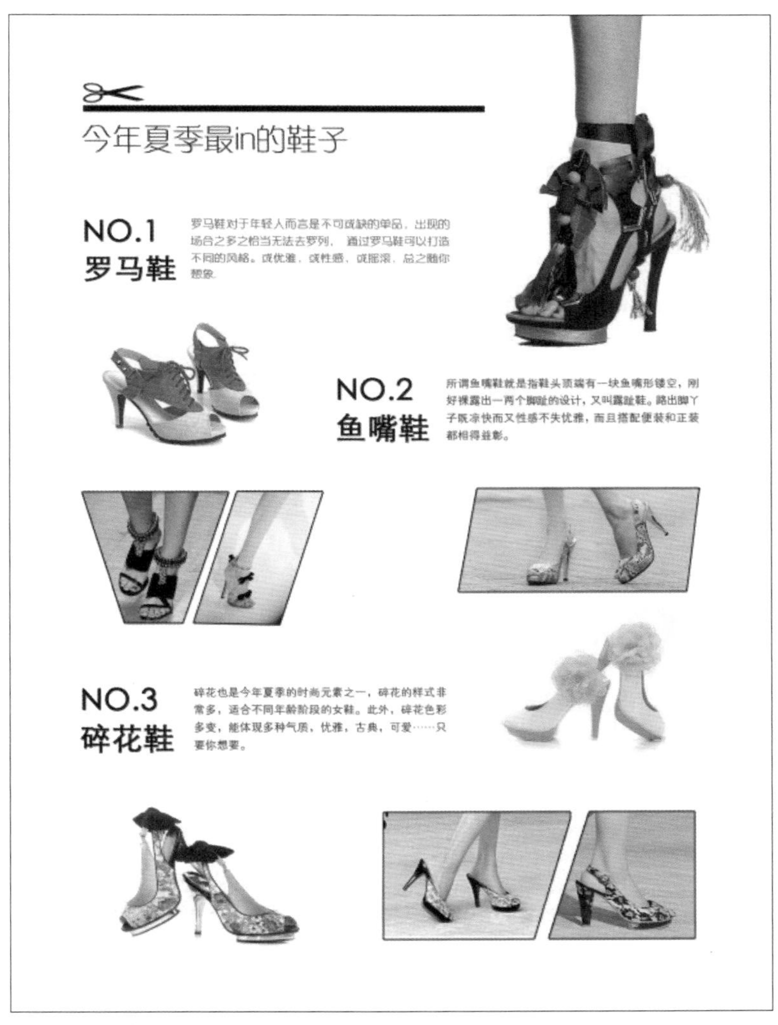

图6-43 鞋子宣传内页

6.3.7 利用箭头的方向

箭头是具有指示性的一种标志，具有引导视线的作用。在图表中我们经常会见到箭头来引导视线，它有着很强的引导性，让人无法抗拒（如图6–44～图6–47所示）。

箭头的种类有很多。古希腊毕达哥拉斯学派和柏拉图认为，眼睛在捕捉事物的时候，目光会以事物为目标从眼睛向物体方向传送，这个想法产生后，箭头就诞生了。箭头代表着方向和速度。因此将箭头运用到版式中，会有很好的指向性和引导性的作用。

知识链接：“格式塔”原理

不要以为格式塔是一座建筑物，也不要认为它是什么国外著名的人物名字；格式塔是德文Gestalt的译音，意思就是模式、形状、形式。

格式塔是一个著名的心理学派，基于这个学派的格式塔视觉原理还有一个小名：完形心理学。

图6–45 书本内页

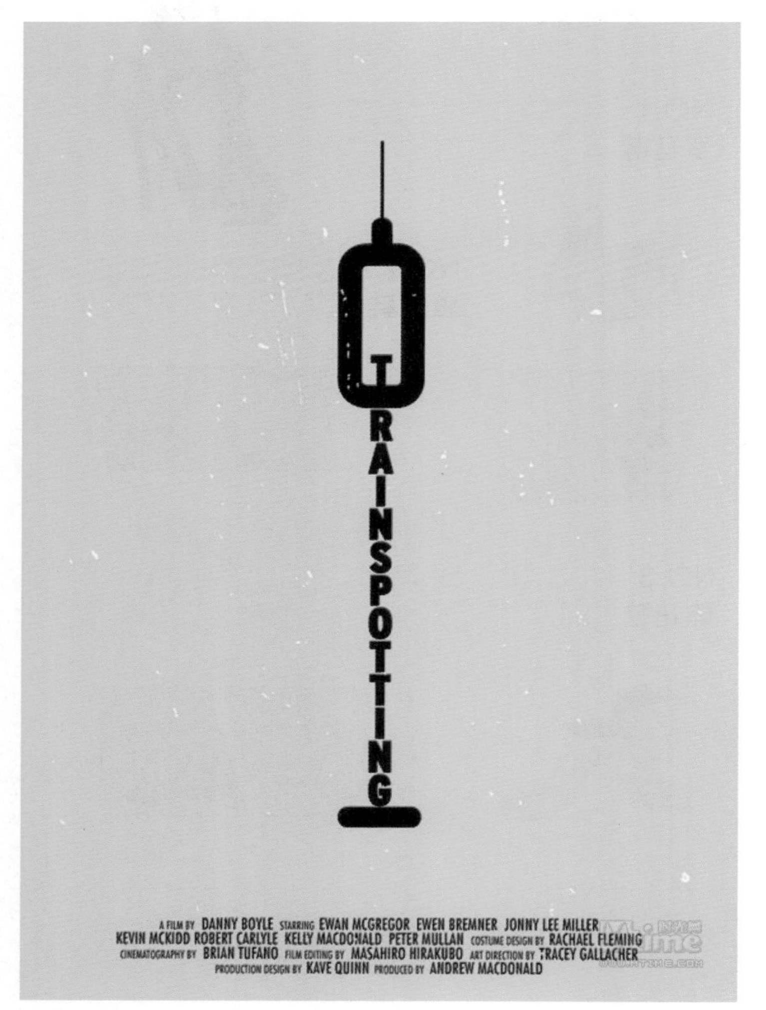

图6–44 教育海报

图6–46 广告宣传

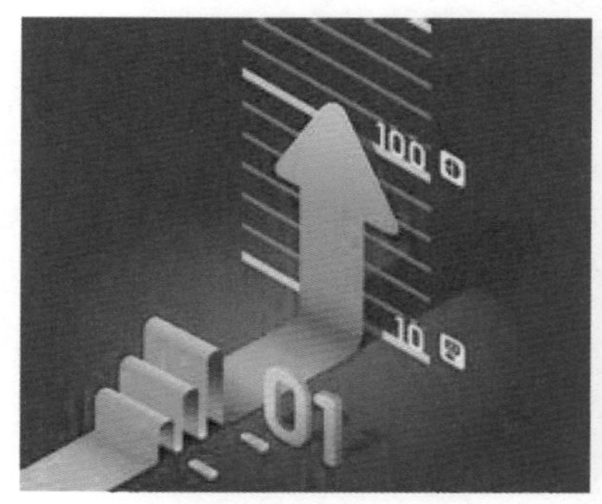

图6–47 信息统计图

最简单的格式塔：在右图中并不存在三角形，然而由于视觉系统不断地进行完形计算，让人们的视觉认为“存在一个完整的三角形”（如图6–48所示）。

图6-48 完整的三角形

格式塔的核心理论（如图6–49所示），冠名堂皇的解释：不是用主观方法把原本存在的碎片结合起来的内容的总和，或主观随意决定的结构。它们不单纯是盲目地相加起来的，基本上是散乱的难于处理的元素般的“形质”，也不仅仅是附加于已经存在的资料之上的形式的东西。相反，这里要研究的是整体，是具有特殊的内在规律的完整的历程，所考虑的是有具体的整体原则的结构……可以总结成3句话：人们总是先看到整体，然后再去关注局部；人们对事物的整体感受不等于局部感受的加法；视觉系统总是在不断地试图在感官上将图形闭合。

格式塔学派断言，在一个格式塔（即一个单一视场，或单一的参照系）内，眼睛只能接受少数几个不相关联的整体单位。这种能力的强弱取决于这些整体单位的不同与相似，以及它们之间的相关位置。

图6-49 核心理论

格式塔中的视觉关系。在一个格式塔中，通常存在以下视觉关系：和谐（Harmony）、变化（Changes）、冲突（Conflict）、混乱（Confusion）（如图6–49所示）。

和谐Harmony的来源。组成整体的每个局部，它们的形状、大小、颜色趋近一致，并且排列有序，这时产生整体视觉感官就是“和谐”。和谐来自所有局部的感官接近。

“变化”（Changes）的来源是在“和谐”的基础上，局部产生了形状、大小、颜色的变化，但这种变化没有改变所有局部的同一性质，这就是“变化”。“变化”来自和谐基础上局部的外观改变。

“冲突”（Conflict）的来源是在“和谐”的基础上，局部不仅仅产生了形状、大小、颜色的变化，而且产生了性质上的改变，与整体中的其他局部格格不入。“冲突”来自某个局部与整体其他部分性质的格格不入。

“混乱”（Confusion）的来源。整体当中包含太多性质不相关的局部，视觉系统很难判断出整体到底是什么，这个时候就产生了“混乱”。

格式塔体系的关键特征是整体性、具体性、组织性和恒常性。

整体性（Emergence）的论据可见于“狗图片”，图片表现一条达尔马提亚狗在树荫下的地面上嗅。人们对狗的认知并不是首先确定它的各部分（脚、耳朵、鼻子、尾巴等），并从这些组成部分来推断这是一条狗，而是立刻就将狗作为一个整体来认知（如图6–50所示）。

图6-50 狗的图片

具体性是知觉的“建设性”的或“生成性”的方面，这种知觉经验，比起其所基于的感觉刺激，包括了更多外在的空间信息。

“组织性”（Multistability）或“组织性知觉”（multistabile perception）是趋势模糊知觉经验，不稳定地在两个或两个以上不同的解释之间往返。

恒常性（Invariance）知觉认可的简单几何组件，形成独立的旋转，平移、大小，以及其他一些变化（如弹性变形，不同的灯光和不同的组件功能）。

6.4 如何留住读者的视线

思考：视线游离的原因

我们知道如何引导读者视线之后，便要了解怎么样才能留住读者的视线，像让文字便于阅读、设置让读者感兴趣的东西、画面的美感，都是可以留住读者视线的。

因为让人们视线游离的原因，一定是不感兴趣、不喜欢、看腻了、害怕、厌烦等，所以应该解决这些问题，抓住读者的视线，才能完成设计的目的。

我们可以通过人们习惯寻找相同的颜色、相同的形状这样的视觉心理来引导读者，当然也可以通过视觉心理来留住读者的视线。当我们的视线受到一定阻碍的时候，视线会避开、躲开阻碍物。这称为“视线返回”。可以利用这样的视觉心理来进行设计（如图6-51～图6-54所示）。

图6-52 引导视觉流程的海报编排

图6-51 电影宣传海报

图6-53 手表宣传海报

图6-54 海报

6.4.1 利用“压角”

我们通常想要把从读者那吸引来的视线保留住，不移开我们的作品。美观、个性的画面虽然可以固定读者的视线，但是不能满足他们的视觉需求，这个时候读者的视线还是会转移。为了把读者的视线拉回来，我们可以利用“压角”（如图6–55～图6–58所示）。

在前面讲解的内容中，谈到画面需要有一定的留白，这样能增加画面的空间感和舒适感。但是如果留白过多的话，就会导致读者的视线放松，转移视线，这样就不能把完整的信息传播给读者。那么，在这种版面中，我们就可以使用“压角”的技巧。

压角的作用就是在空白的地方加上一些装饰物，来增强紧张感，并且阻碍读者的视线，使视线返回。

案例分析

图6–55的宣传海报中，简单明了地向读者介绍了相机的性能。画面色彩丰富，人们一眼就锁定了画面中的鹦鹉。海报中左上角的压角使用了该产品的logo，阻止了观者视线外移，同时也记住了产品的标志。

图6–55 相机宣传广告

图6–56 公益广告宣传

图6–57 宣传海报

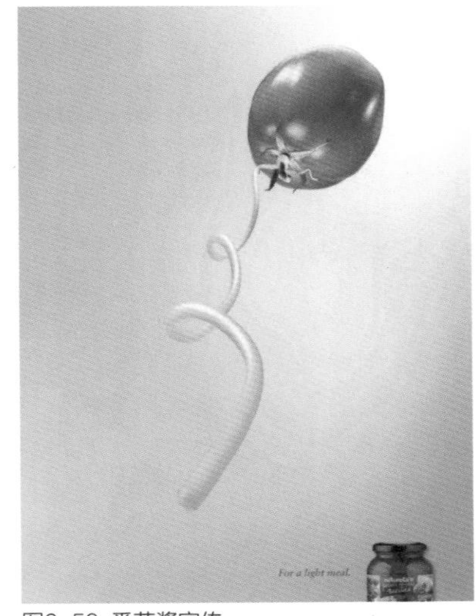

图6–58 番茄酱宣传

6.4.2 利用“屏障板”

“屏障板”是指画面中的两侧或者是上下设计的一个隔板，可以是文字的模式，也可以是图形的模式。它的主要功能就是阻碍人们的视线（如图6–59～图6–61所示）。

这样的技法是利用了视觉心理，当人们看见醒目的东西时，会刺激到视觉，从而被吸引。当观看完之后，大多数就不会浏览画面中的其他内容。如果把画面的两侧设计成一个屏障一样的元素，人们的视线经过那的时候会被阻碍，使读者的视线再次回到画面中。

图6-60 漫画海报

图6-59 美食宣传海报

图6-61 新颖海报

6.4.3 利用“视线流”

这里面的“视线流”是指一个引导读者阅读的元素好比我们小时候画的图纸，画上一条路，只要在路上标识上箭头，我们就会顺着箭头的指示来移动视线（如图6–62所示）。

利用这种视线流的元素有很多种，我们可以在决定好以什么样的元素作为视线流后，再将需要传达的信息，按照视线流的顺序进行排列，这样会使画面赋予动态感和愉悦感，还有利于人们阅读。

图6-62 视线流海报

6.5 版式设计的禁忌

6.5.1 “切腹”

“切腹”是指在文字中插入一条细线，贯穿于左右两端。这样的方式是报纸排版中的一大禁忌。这样的版式会阻碍读者顺畅的阅读文字，并且隔断了画面的整体效果，不仅使读者阅读起来不顺利，还会影响整个画面的美观。可以在左右两边稍微空出一段距离，如图6—63所示，这样不仅划分了版块，便于阅读，也不影响美观。

www.lorem&ipsum.com SPECIAL LIFETIME OF LOVE

WEDDING JOURNAL

LOREM AND IPSUM ARE GETTING MARRIED TODAY

SUNDAY, NOVEMBER 1ST,2019 • CULPA OFFICIA MOLLIT • 3.00 PM.

WELCOME TO THE WEDDING OF
LOREM DOLORE MAGE & IPSUM VELIT ESSE

RIDE OF OUR LIVE : LOREM AND IPSUM

Lorem ipsum dolor sit amet, consectetur adipisicing elit, sed do eiusmod tempor incididunt ut labore et dolore magna aliqua. Ut enim ad minim veniam, quis nostrud exercitation ullamco laboris nisi ut aliquip ex ea commodo consequat. Duis aute irure dolor in reprehenderit in volup

LET'S HAVE A PARTY !

Lorem ipsum dolor sit amet, consectetur adipisicing elit, sed do eiusmod tempor incididunt ut labore et dolore magna aliqua. Ut enim ad minim veniam, quis nostrud exercitation ullamco laboris nisi ut aliquip ex ea commodo consequat. Duis aute irure dolor in reprehenderit in voluptate velit esse cillum dolore eu fugiat nulla pariatur. Excepteur sint occaecat cupidatat non proident.

LOVE BEYOND BORDERS !

Lorem ipsum dolor sit amet, consectetur adipisicing elit, sed do eiusmod tempor incididunt ut labore et dolore magna aliqua. Ut enim ad minim veniam, quis nostrud exercitation ullamco laboris nisi ut aliquip ex ea commodo consequat. Duis

EVENT & SOCIETY: RSVP: MAID OF HONOUR: BEST MAN:

图6-63 报纸

6.5.2 “泪别”

这里的“泪别”是比喻句号。意思是说在文字排版的时候，不要将没有结束的内容以句号结尾。这样的版式排列容易让读者以为文字内容结束了，便有可能不阅读接下来的内容了。

与这个问题类似的问题是，不要将图片的说明文字放置在离图片很远的位置上，这样会让读者以为图片没有配上文字，会给阅读带来不便（如图6—64和图6—65所示）。

图6-64 图片配图

图6-65 音乐时尚杂志宣传册

6.5.3　版面过满

版式中的信息不宜过多。太多的话，传播的信息会失去重点，无法达到传播的效果。

还有一点，太满的版面几乎没有空白，这种情况会使读者眼花缭乱，不知道从哪开始阅读。所以设计版式的时候必须利用好空白，给画面留一点空间。如图6–66所示，木刻样式的西部牛仔海报效果，这样不仅看起来舒适，还有利于读者阅读信息。

图6–66 葡萄酒海报

6.5.4　贴边

贴边是指版面的图片紧贴版面边缘。这样的版面看起来画面会失去平衡，让读者产生焦虑感。想要避免这一点，可以将图片与文字的基准线对齐。这样的画面会具有节奏感，视觉上很舒适（如图6–67～图6–70所示）。其中图6–67人物图像居中，橘色的连衣裙很是醒目，图像与版面的上下间隔恰到好处。

图6-67 服饰杂志封面

图6-68 促销海报

图6-69 书籍图片

图6-70 图片排列

6.5.5 黑色背景

黑色是无彩的，作为背景可以使任何颜色都变得很突出。所以大多数人在不知道怎么搭配设计的时候，都会选用黑色作为底色。但这样的版式大多是没有什么设计感的，一般不愿意或者不懂得修饰的人为了画面的醒目便会使用黑色。所以，有人称黑色为〝逃避色〞。

黑色的使用会让这个版面的对比变得强烈。但太过于强烈的对比，会让长时间阅读的人们产生视觉疲劳。为了避免这一点，我们可以适当地降低背景与图片、文字之间的对比度，提高画面的亮度。这样不仅让画面看起来醒目，也利用读者阅读。

6.5.6 边框过多

在版式设计中，需要强调的部分会使用边框或者是装饰框来框选文字，这样可以突出重点（如图6—71和图6—72所示）。

但是如果一个版面的框架太多，就很难明白我们强调的内容是什么。而且会让版面不统一，失去整体的美感，还会分散读者的视线。可以使用一到两个大小不一的框架来突出重点，装饰版面，这样看起来会简洁舒适得多。

图6-71 艺术宣传海报

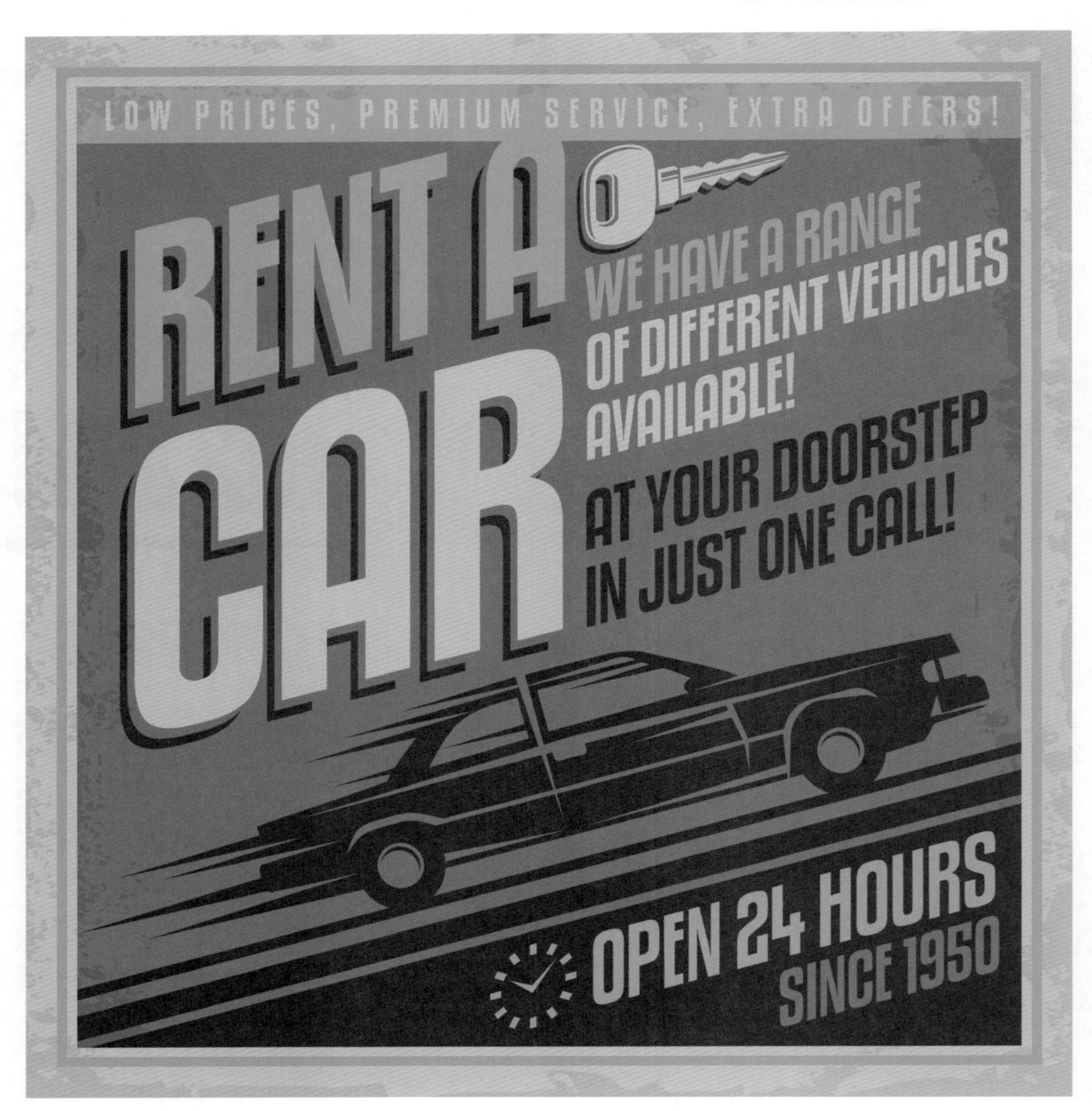

图6-72 书籍内容排版

6.5.7 跳读

图片不要隔断文字，否则读者要跳过图片阅读后面的内容，这种情况称为“跳读”。

图片放在文字的中间，会阻碍了文字阅读的流畅。人们一般不会想到越过图片去阅读后面的文字，根据视觉移动的习惯，会下意识地将视线移到旁边的文字，所以在排版时文字最好保持一体，方便读者阅读（如图6-73、图6-74所示）。

图6-73 冰淇淋广告

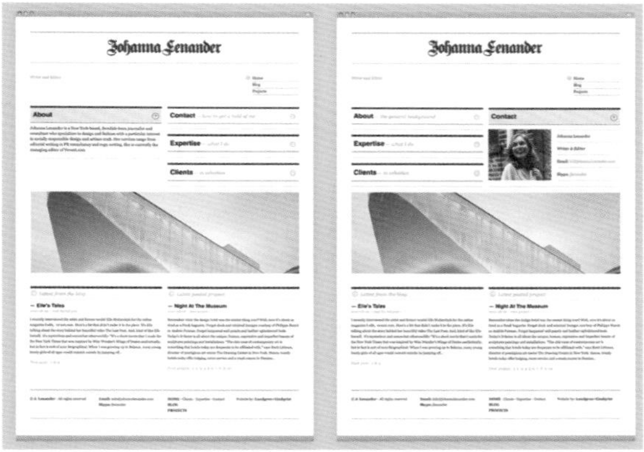

图6-74 人物介绍排版

6.5.8 参差不齐

将文字图片排列整齐是最基本的原则。参差不齐的版面看起来没有整齐的美感。影响读者阅读的情绪。在排列的时候，我们可以利用基准线将文字和图片排列整齐，才能保证接下来的设计美感。

6.5.9 太过靠近

不论是文字与文字之间、还是文字与图片之间，虽然距离都不是绝对的，但是最好不要靠得太近，这样才能发挥图片与文字的视觉性和知识性。

6.5.10 美术字体

像这种装饰性字体，虽然具有美感，但是装饰性不要太过。它的主要功能还是便于读者阅读。过度装饰的字体会影响它的可读性，给读者理解信息上造成困难，因此字体适当地修饰即可。

6.5.11 死板

太过整齐的版式会显得有些乏味、死板，缺少视觉冲击力。虽然将图片、文字排成一个竖排，或者是一个横排，看起来具有统一感，但是难免会显得有些单调。

如何解决这种问题？我们可以适当地将图片错开排列，这样会使画面有一定的韵味和节奏感，读者才不会失去兴趣而放弃阅读内容（如图6–75～图6–77所示）。

6.5.12 侵入

版式排版中的两大要素就是图片和文字，图片与文字之前的摆放位置要适当。图片的插入不要落在页面的边缘，也不要强行加入文字中，要与页面边角空出一定的空间。否则看起来会有着硬塞进文字的感觉，很不协调，这就是我们所说的“侵入”。

图6–75 杂志封面

本章小结及作业

引导读者视线是版式设计中所拥有的强大功能，它是十分重要的。是否能够做到这一点，决定着你能否成为一名高水平的版式设计师。设计师具有引导读者视线的能力，能够让读者观看其希望让他们观看的内容，并且强调重点，留住读者视线，阅读完所传递的信息。这是个需要不断学习与锻炼的过程。

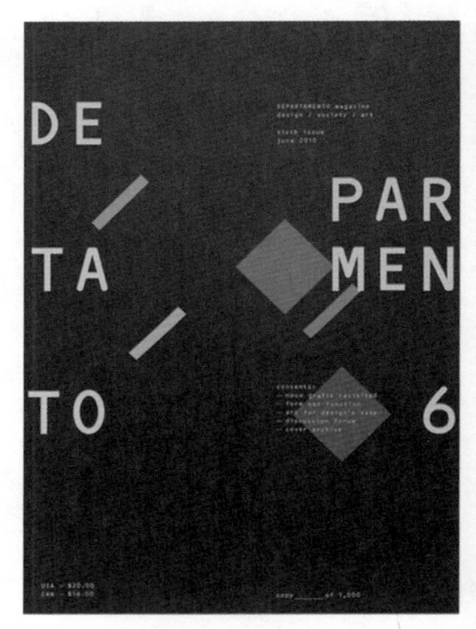

图6–76 字母海报

1.训练题

列举出一幅你满意的版式设计作品，并指出作品运用了哪些手法来引导读者的视线。

要求：从引导、吸引、留住读者视线3方面来展开说明。

2.课后作业题

介绍一家你喜欢的餐厅，或者是小吃等，将资料制作成宣传单页的形式。

要求：色彩新颖，内容详细，图片清楚，在版式上能够充分地表达出重点，能够引导、吸引、留住读者的视线。

图6–77 数字海报

第7章

不同媒介的版式设计

主要内容：

本章主要将不同媒介的版式设计举例分析，让读者掌握版式在不同媒介里的应用，并配上相关图片，供读者观赏和学习。

重点、难点：

掌握不同媒介中的版式编排，并且能将媒介中的主体内容表现出来。

学习目标：

让学生更深一步了解版式设计的具体应用、掌握版式设计的精髓。

人与人之间交流的中间物就是媒介。媒介是非常重要的。如果交流是社会存在的基础，那么媒介的目的就是提高交流的密度及效率。

根据表现方式的不同，媒介可以分为纸媒、IT和图像媒介等。各种不同的媒介都是以不同的形式存在的。但是无论是哪种媒介，都会涉及到版式设计。我们平时上网的网页都存在着版式设计（如图7-1和图7-2所示）。

图7-1 贺卡

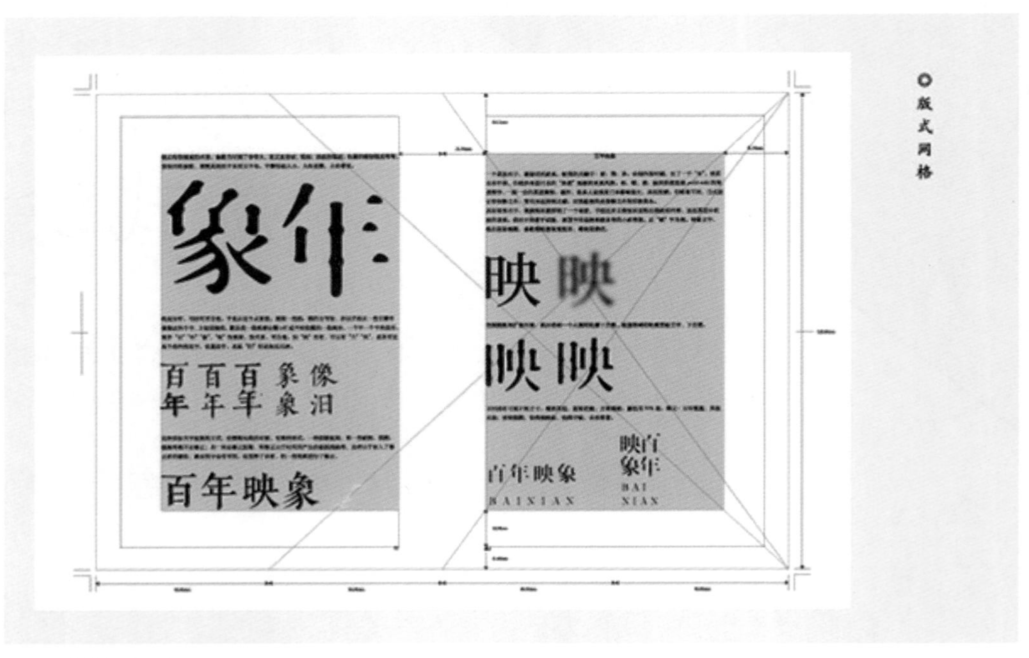

图7-2 书籍版式设计

7.1 杂志

杂志、宣传册属于纸质媒介。我们日常生活中印刷在纸上的东西比比皆是。虽然现在科技发达，但是纸质媒介依然存在着。

7.1.1 杂志的含义

杂志是有固定刊名，以期、卷、号或年、月为序，定期或不定期连续出版的印刷读物。它根据一定的编辑方针，将众多作者的作品汇集成册出版。定期出版的又称期刊。

杂志形成于罢工、罢课或战争中的宣传小册子，是类似于报纸注重时效的手册。

7.1.2 版式是杂志的基础

杂志的版式设计关系着杂志的品质，版式设计的优劣可以反映出杂志设计的水平高低。对于好的杂志来说，好的版式设计，指的就是便于阅读的版式设计，不便于读者阅读的杂志会显得没有品质，所以说版式是杂志的基础（如图7−3～图7−6所示）。

图7-3 Laus 杂志封面

图7-4 画册的版式设计

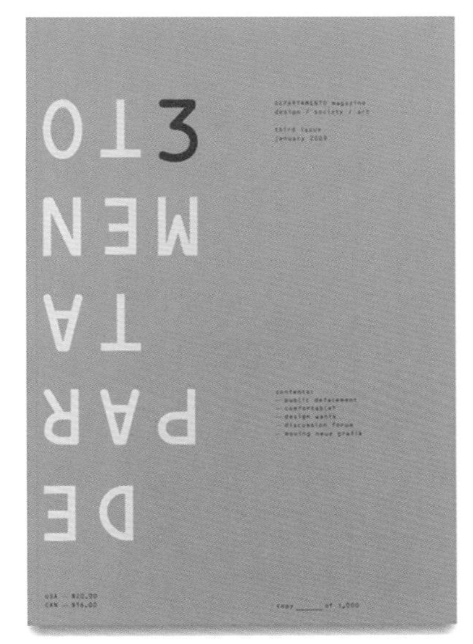

图7-5 简单字母的版式设计

Coast
Founded: 1999
Personnel: 4 designers plus studio manager
Location: Brussels, Belgium
www.coastdesign.be

Based in Brussels, Belgium, Coast describe themselves as a 'European multi-disciplinary branding practice.' Founder Frédéric Vanhorenbeke was educated in his native country and after graduation moved to the UK, where he became immersed in British graphic design culture, and acquired a lasting affection for many British design studios. In the mid-nineties he worked for the London music design company Stylorouge.

In 1996 Vanhorenbeke returned to Brussels to form Coast in partnership with his wife Celia Carrera. Today, the studio works on brand identity, art direction, packaging, print and new media. They have a strong focus on large scale global branding projects, yet simultaneously relish working on small design led projects. Their work for clients in both the commercial and cultural sectors reveals a sense of painstaking craft, careful research and high aesthetic standards.

The group share their studio space with web designers and architects. The interview was conducted via email.

Where did you study?

Celia Carrera and me met at the Ecole de Recherche Graphique in Brussels, where we studied graphic design and all sorts of things during our four years there. It was the kind of experimental school where multidisciplinary means 'all you can do'. Creativity in any field could be expressed either through visual language, written language or conceptual art. I also spent a year studying economics before going to art school.

What prompted you to start your own studio?

As a student I had already worked on some freelance jobs and wanted to apply to design studios in Brussels. Things have changed now, but back then communication and visually-related communication was ruled by advertising agencies and corporate studios with a dated approach to graphic design. So I made the decision to move to London. A lot of design studios inspired me back in 1995 – Why Not Associates[3], Farrow[4], Cartlidge Levene[4]. After contacting some, I met Rob O'Connor[5], founder of Stylorouge, who offered me a placement for a week. This placement became a job, a wonderful job. I worked for some great music clients and I met great individuals who now run their own studios: Christopher Thomson (Studio Thomson[6]), Tony Hung (Adjective Noun[7]), Andy Huckle (1358[8]), Richard Bull (Yacht[9]). I decided to go back to Brussels in autumn 1996 to launch my own design

图7-6 室内介绍版面

7.2 宣传册

宣传册包含的内涵非常广泛，对比一般的书籍来说，宣传册设计不但包括封面封底的设计，还包括环衬、扉页、内文版式等。宣传册设计讲求一种整体感，对设计者而言，尤其需要具备一种把握力（如图7–7～图7–10所示）。

宣传册的开本、字体、目录和版式等，色彩、图片的选择要求都是很高的。另外宣传册的设计与选材都是需要精心处理的。

案例追踪

杂志主要是以散文、故事这样的内容为主，而宣传册则多数是宣传商品、服务等。所以在版式设计上，杂志、宣传册、书是不同的。它们针对的读者人群不一样、传达的信息不一样，在版式设计上也就会有所不同。但是对于它们来说相同的地方是，整体布局的设计都是非常重要的。

图7-7 企业宣传册

图7-8 产品包装图

宣传册的主要作用，就是吸引读者目光，让读者关注到册内的具体内容。而封面的功能就是尽可能地来吸引读者阅读。封面中翩翩起舞的蝴蝶，周围围绕的点点色彩，看起来轻盈、愉快，白色的底调更是简洁明了，让商品的图形给读者留下了美好的印象。文字位于封面的左下角，与图形的位置很搭配，整体感很强。

图7-9 以内容为主的宣传册

图7-10 《BAZAAR》时尚杂志

7.3 海报

海报是人们最常见的一种招贴广告，通过版面构成和图片、文字、色彩、空间等要素完美地结合，在第一时间将人们的目光吸引，并且让人们获得瞬间的视觉刺激。招贴海报多用于电影、喜剧、文艺出演等活动的宣传。

海报中通常要有主办单位、时间、地点等内容。海报的文字一般不会太多，结合图片、色彩做到新颖美观，从而达到吸引受众的目的（如图7–11～图7–14所示）。

海报的版式设计要具有引诱性，这样能吸引读者的视线，因为海报只有单张纸，所以我们在排版的时候可以自由发挥，可以利用前面章节说到的视觉引导，还有网格设计。

可以利用一些参考线来辅助设计。

● 轴线：是围绕线进行的排版，用线对版面进行骨架的基本设置。轴线可以分为：垂直轴线、倾斜轴线、折线、弧线轴线等。

图7–12 运动宣传海报

图7–11 ZOOM 宣传海报

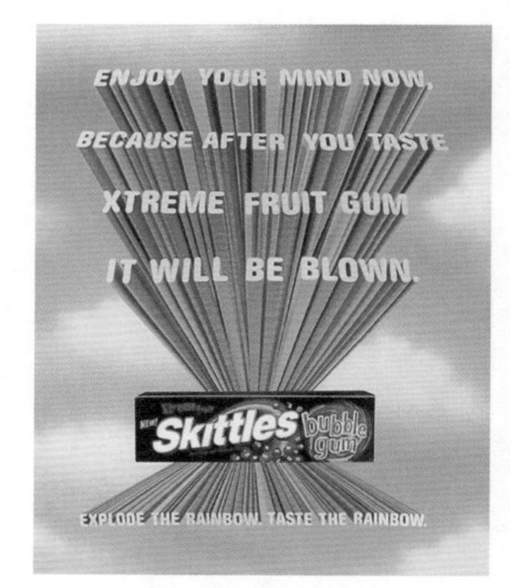

图7–13 Skittles 糖豆宣传海报

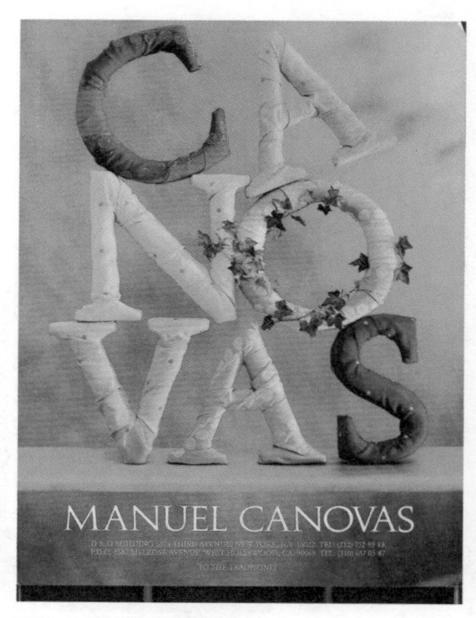

图7–14 时尚家居海报

- 放射线：由一个焦点中心扩展、延伸的线的结构，我们可以理解为放射线网格，放射线可以分为直线放射、弧线放射、角度放射等。
- 膨胀：一组同心圆的部分弧构成的结构线是膨胀网格的特点，这样在弧线上安排文字或图形，视觉上会有膨胀气球的感觉（如图7—15和图7—16所示）。
- 矩形分割：矩形分割是最经典的网格设计，在海报设计中，可以利用水平线和垂直线形成的分割网格来组织图片和文字及留白。这样的版面会显得层次多样，丰富清晰（如图7—17和图7—18所示）。

知识连接：什么是广告

广告是以商品信息传达给消费为目的的媒介，其中，对市场动向或者购买心理的分析是很有必要的。从狭义上来理解，广告与画报是有所不同的。

广告媒介包括报纸广告、杂志广告、电视商业广告、传单广告、网络广告等，任何一种广告形式都必须能够吸引读者或者观看者的注意，否则就无法发挥广告的作用。

图7-16 膨胀图形与文字

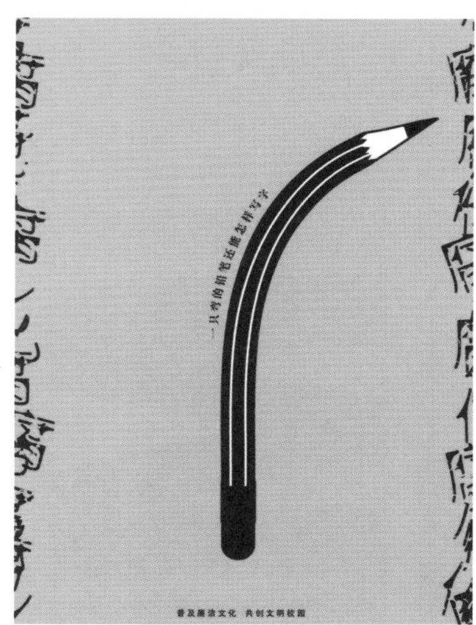

图7-17 文化教育海报

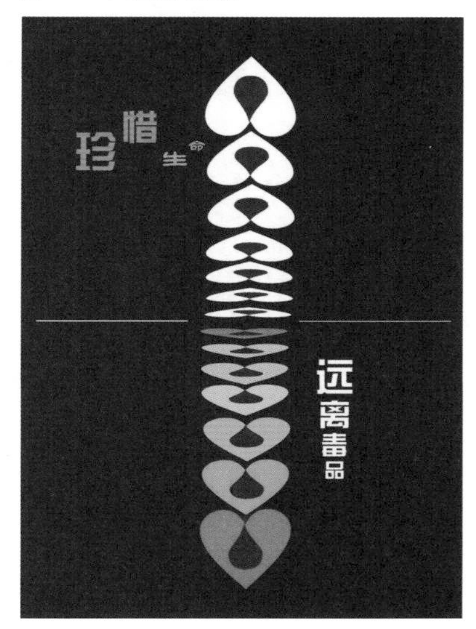

图7-18 公益海报

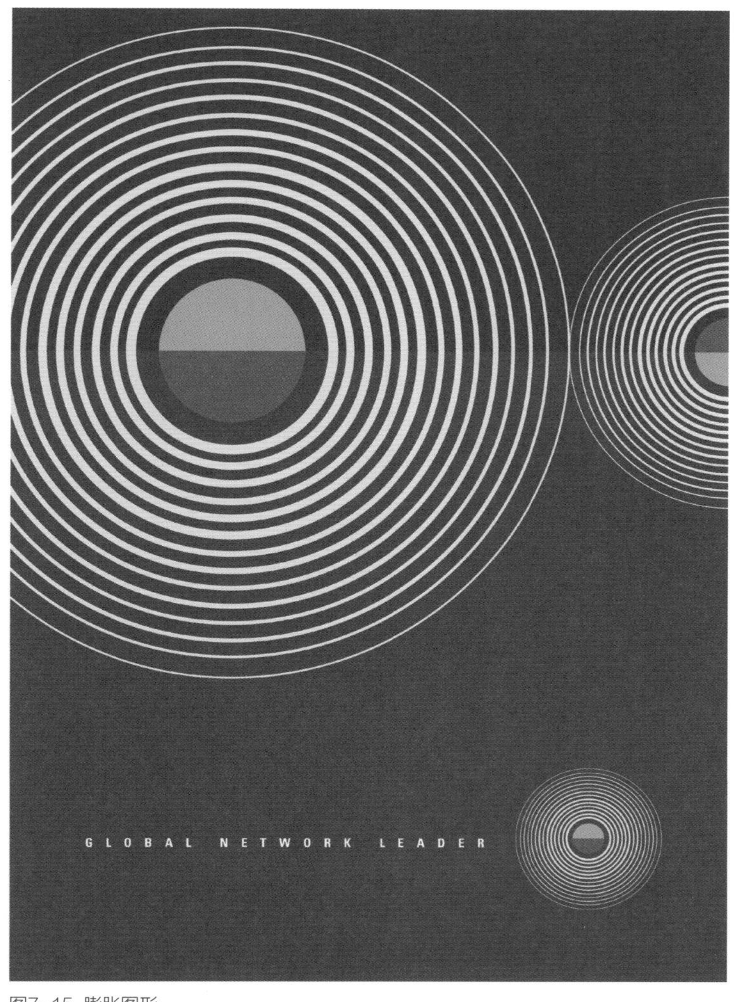

图7-15 膨胀图形

7.4 DM与电视片头

7.4.1 DM

DM是英文Direct Mail的缩写，直译为“直接邮寄广告”，是一种小尺寸的媒介。它会通过邮寄、赠送等形式直接投递到客户手中，并且能够直接拿在手中翻阅。在这种宣传方式中，材料的质感也是非常重要的因素。对于明信片大小的DM，人们一般拿到距离眼睛30CM的位置来看。所以进行版式设计的时候，必须要重视距离的问题（如图7–19～图7–21所示）。

图7–20 手绘效果DM

7.4.2 电视片头

电视片头是动态的，是一种方便快捷的制作栏目片头动画工具。标题是以原创的文字形式来表现的，对呈现节目中的画面至关重要，它能够直接吸引观众目光。电视片头往往表现了当时最具有时尚、新潮的视觉形象。它的标题与画面可以很好地体现出这一点。所以好的电视片头会让人看很多次而不会厌烦（如图7–22和图7–23所示）。

图7–21 咖啡宣传DM

图7–19 以文字为主的DM

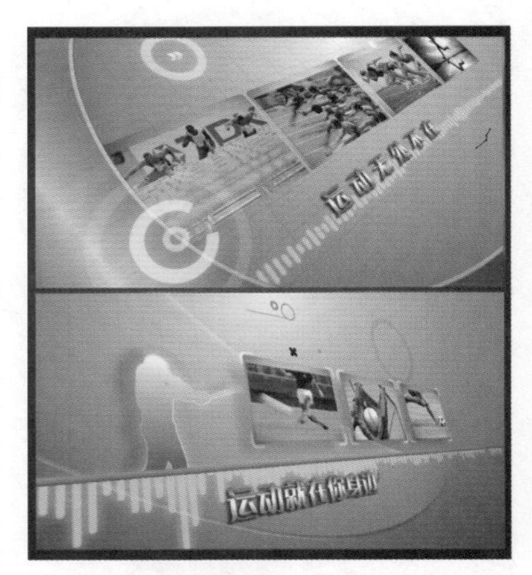

图7–22 运动节目的片头

图7–23 电视片头

7.5 报纸

报纸是向公众发行的一种刊载新闻和时事评论为主的定期印刷出版物，是新闻出版业中内容最丰富、报道最实时、读者最广泛的一种大众传播媒介，具有反映和引导社会舆论的功能（如图7–24所示）。

SPORTS

INSIDE: MOTORSPORTS

The magnificent 7

Chargers' highly regarded defensive front working hard to get even better

Bad start for Walker as Padres flounder

Errors at third base hurt cause vs. Astros

Tim Sullivan

McNeill won't sweat details of conditioning

Pressed to limit in opener, Pierce never happier

Back from injury layoff, champion wins 3-setter

HIGH TIDE!

SUNDAY

The Virginian-Pilot

Portsmouth impound lot struggles to halt thieves

Pakistan rounds up 100 Islamic fighters

FROM CRESTWOOD TO PARKSIDE

Led down the wrong road?

New residents of revitalized Chesapeake neighborhood angry that infrastructure wasn't updated along with homes

Opening the arteries does little good, studies say

Bask in Colonial era at Gloucester Inn

Father, daughter focus on finishing together

图7–24 不同版式的报纸设计

7.5.1 报纸的规格

世界现代报纸幅面主要有对开、四开两种。中国对开报纸幅面为780mm*550mm，版心尺寸为350mm*490*2，通常分为8栏，每行13个字，120行，版心字数为13,230字。四开报纸幅面尺寸为540mm*390mm，版心尺寸为490*350mm，版心字数为（小五号）71字* 86行（6106字），中缝（小五号）12字*86行（1032字）。

7.5.2 报纸的组成部分

报纸有很多的组织部分（如图7－25～图7－30所示），具体如下所述。

- 版色：是指报刊的版面颜色。一般分为彩色、套红、黑白。
- 版心：指版面周围空白以外的可排文字和排图片的地方，即版面的容量，一个版面的容量是由报纸的开张与分栏的情况、字体大小等因素决定的，但报纸之间是不一样的。
- 版头：版头是报纸第一个版面报名的地方，通常会放在版面的上端。在报头的位置上还会放置报刊的时间、总期数、出版日期等。

图7－26 《US OPEN》新闻报纸

EL GRAN DIARIO DE MÉXICO

DOMINGO

EL UNIVERSAL

5 mil

Cuesta $55 millones al día fuga de agua, dicen

Dura de la segunda década del siglo pasado gran parte de la infraestructura

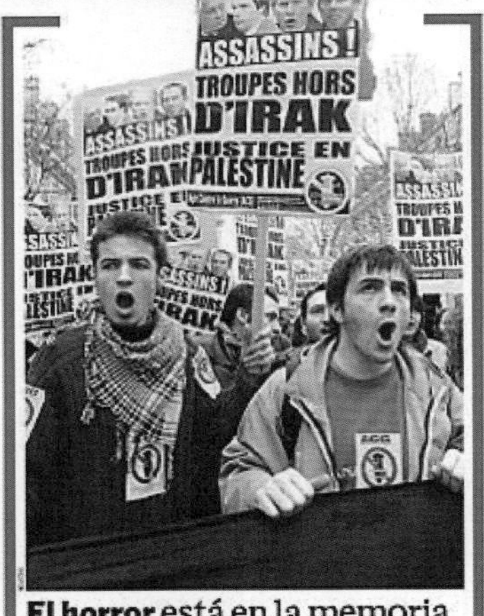

El horror está en la memoria

En París, como en muchas otras capitales del mundo, multitudes se manifestaron para que cese la ocupación estadounidense en Irak. En Islamabad detuvieron a 100 presuntos integrantes de Al-Qaeda. El Mundo: A2

Es hora de contribuir a limpiar la política: Creel

Propone Fox fin a derroche electoral

Diputados presentarán hoy una propuesta pluripartidista alterna

LA INICIATIVA

POLÍTICA A LA MEXICANA

Se premian funcionarios con 7 mdp

DF: C5

Lo persiguen por insultar frente a AMLO

DF: C1

SIGUE EL RUGIDO

Dostoievski argentino

Cultura: F1 y 2

Ana Serradilla, política

Sensible, madura y seductora.

Revista: Día Siete

Los Jaguares consolidan su posición de líderes en el torneo de futbol mexicano, al derrotar en Chiapas a las Águilas del América por 2-1

Deportes: D1

Expectáculos: E1

EL PLACER DE VIVIR

Estilos: G6

Entrega Murat a PGR indagatoria

Incluye actuaciones periciales y la camioneta del mandatario. No se descarta autoatentado

OLVIDO Y CONTRADICCIONES

México: A8 y 9

OPINIÓN

Félix Fuentes	Juan María Alponte	Jean Meyer
Ricardo Alemán	Eduardo Valle	Guillermo Cabrera
Víctor Flores Olea	Carlos Monsiváis	Francisco Valdés

图7－25 国外报纸

图7－27 黑白报纸

图7－28 三栏式报纸

图7-29 《BACKSTAGE》宣传报纸

- 报眼：又称“保耳”，报名旁边的小版块，通常会独立地放置一些图片或者是文字，也会刊登一些内容提要或者日历表等。
- 报线：版心的边线，分“天线”（又称“眉线”）、地线。
- 报眉：一般被置于报头的下面、头条的上方，用来刊登报纸的日期、总印数、报纸的版面数、出版日期、登记号等。
- 中逢：报纸相邻两块之间的空隙，可空，也可以刊登广告等。
- 头条：横版报纸的左上方、竖排报纸的右上方，通常会刊登重要稿件的内容。
- 双头条：在报眼或版面右下方刊登一头与头条一样的重要稿件。
- 倒头条：版面右下方与头条同等规格处理的重要稿件。
- 导读：导读是营销时代报纸版面设计的重要组成部分，它几乎成为每张报纸的必备栏目。

了解完报纸的结构后，才能很好地进行设计。报纸的版面设计要具有个性化、人性化、时尚化、功能化的原则。在版式设计上通过版面的布置，色块的装饰，以及图片的选择来抓住读者的眼球。

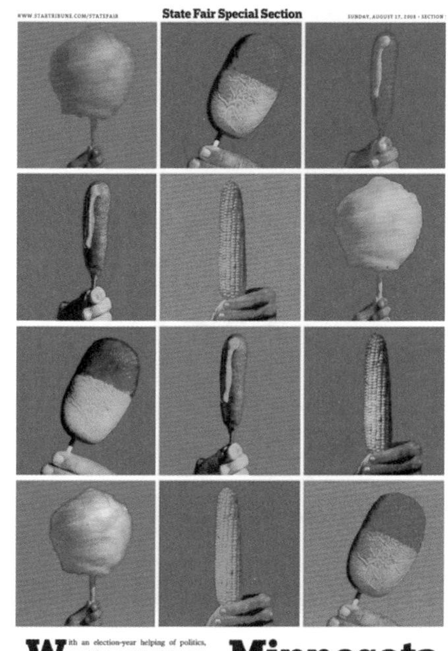

WWW.STARTRIBUNE.COM/STATEFAIR　State Fair Special Section　SUNDAY, AUGUST 17, 2008 • SECTION

With an election-year helping of politics, enough food on a stick to feed an army, barns full of livestock and a Midway full of rides, the Minnesota State Fair gets rolling Thursday. There's something for just about everyone, including a full slate of grandstand shows and other entertainment all over the fairgrounds. The Great Minnesota Get-Together ends Sept. 1, just as another big get-together, the Republican National Convention, begins.

Minnesota State Fair

August 21 - September 1, 2008

GETTING AROUND
S2 Save this map of the fairgrounds; it will help you get where you want to be.

PEOPLE
S3 Two weeks of intense State Fair time sparks unions and reunions.

SCHEDULE OF EVENTS
S4-8 What's playing the Grandstand and free stages and day-by-day calendars.

图7-30 以图片为主的报纸版面

7.6 网页设计

网页设计，是根据企业希望向浏览者传递的信息，进行网站上的策划，然后进行页面设计美化工作，多为企业对外的一种宣传。精美的网页设计能提高企业的品牌形象。网页设计分为三大类：功能型网页、形象型网页、信息型网页。不同的网页目的不同，因此在网页策划和设计上也有不同之处。网页设计常用的工具包括AI、PS、FL、FW、DW等。现在很多设计师都参与到了网页设计中。网页排版的关键点在于简单易懂的文字和引人注意的图片，以及清晰明了的配色（如图7–31～图7–36所示）。

网页设计作为一种视觉语言，特别讲究编排和布局，虽然主页的设计不等同于平面设计，但它们有许多相近之处。

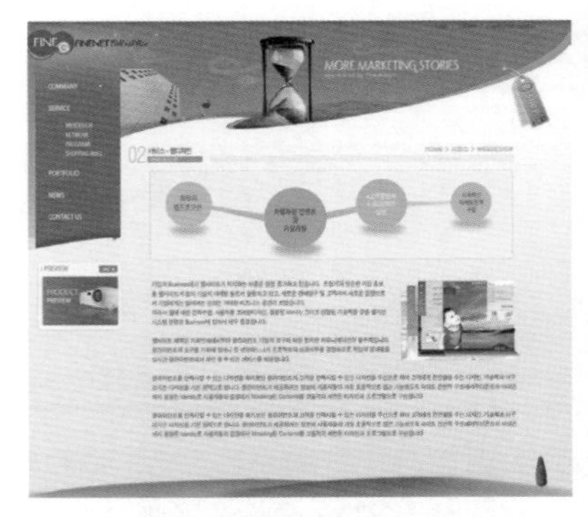

图7-32 信息技术的网页界面

图7-31 自行车的网页宣传

版式设计通过文字图形的空间组合，表达出和谐与美。

多页面站点页面的编排设计要求把页面之间的有机联系反映出来，特别要求处理好页面之间和页面内部的秩序与内容的关系。为了达到良好的效果，应该反复推敲布局的合理性，让读者在浏览信息时有一个流畅的视觉体验。

在色彩上设计师应该根据和谐、均衡和重点突出的原则进行搭配。在内容的上，应该丰富页面的结构，合理安排内容的位置，灵活运用对比、调和、节奏韵律，以及留白的技巧，结合文字图片等元素来体现美感。

网页设计作为一种视觉语言，特别讲究编排和布局，虽然主页的设计不等同于平面设计，但它们有许多相近之处。

图7-33 欧莱雅宣传界面

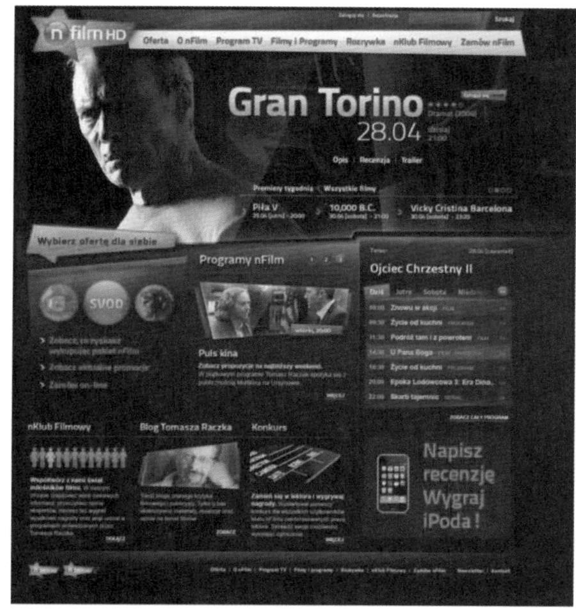

图7-34 《老爷车》影视宣传

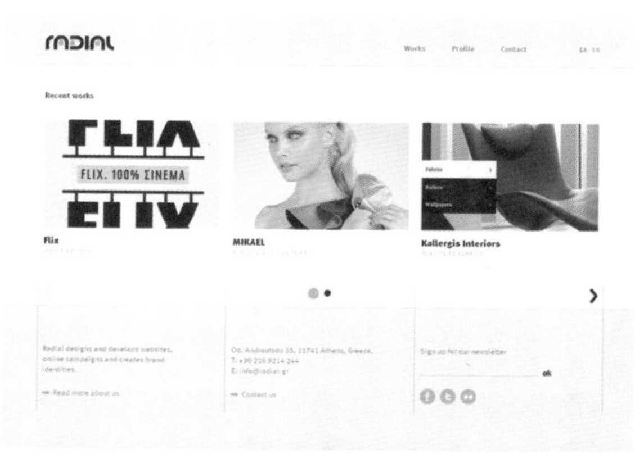

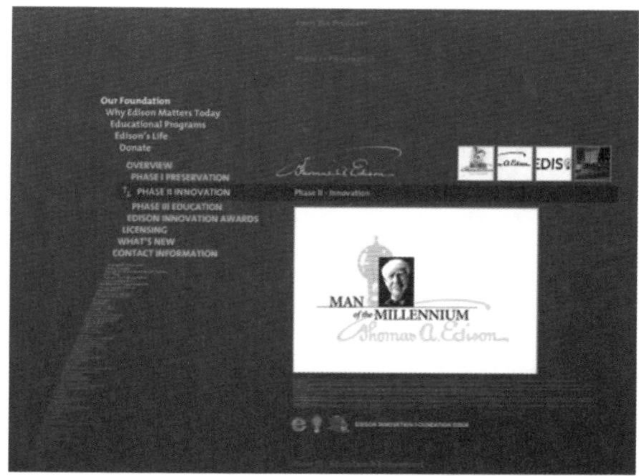

图7-35 《千年追凶》网页宣传

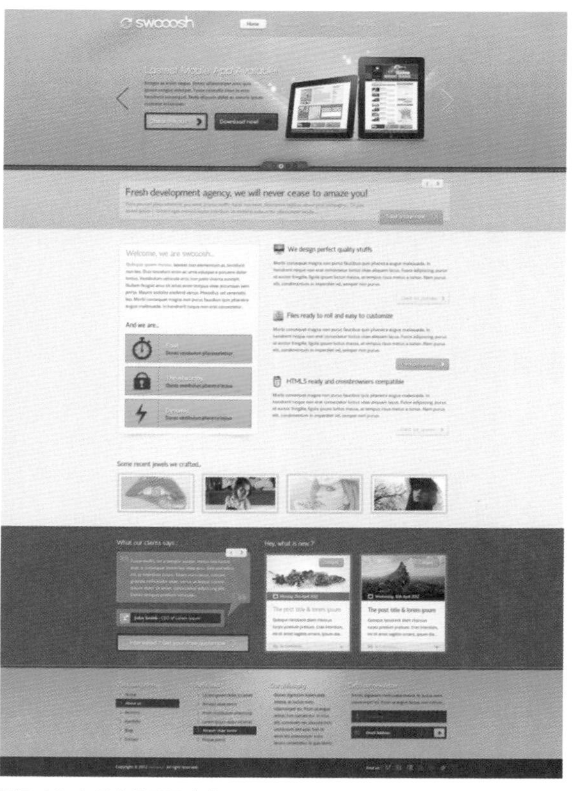

图7-36 电子产品网页宣传

版式设计通过文字图形的空间组合，表达出和谐与美。多页面站点页面的编排设计要求把页面之间的有机联系反映出来，特别要求处理好页面之间和页面内的秩序与内容的关系。为了达到最佳的视觉表现效果，反复推敲整体布局的合理性，使浏览者有一个流畅的视觉体验（如图7—37）。

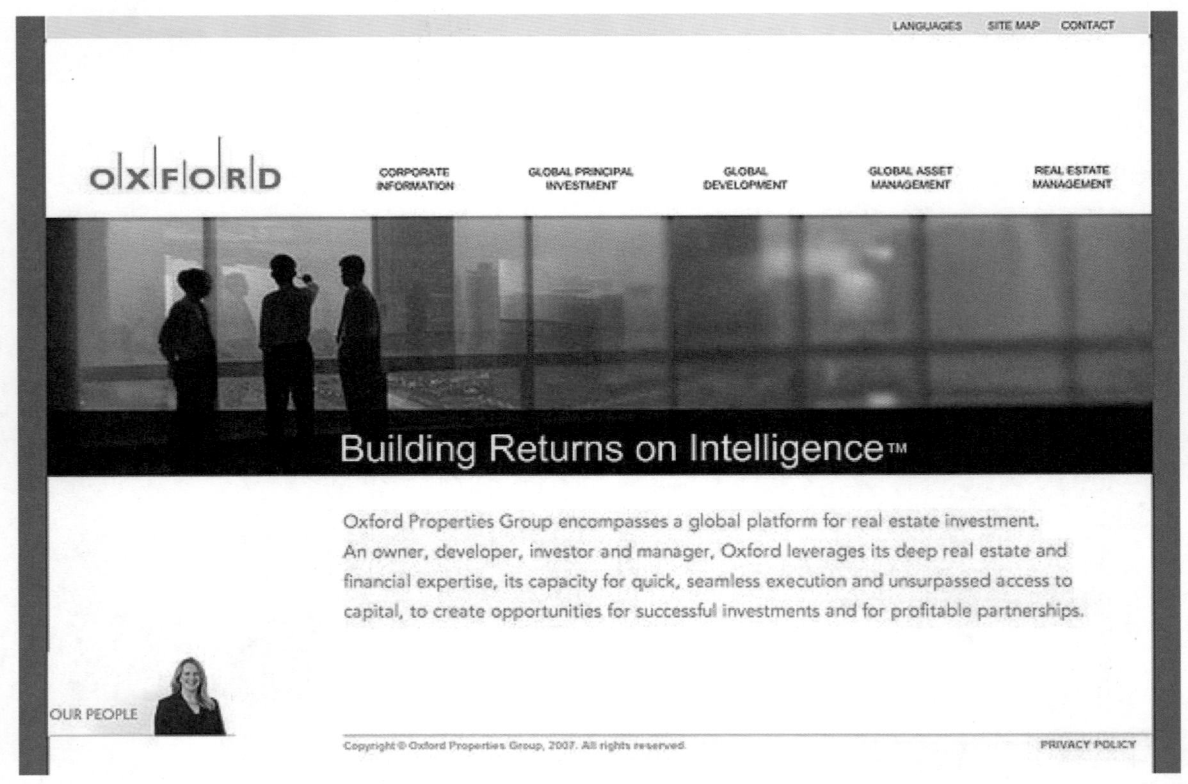

图7-37 商务宣传网页

本章小结及作业

媒介的种类有很多，具体的媒介都有自己的版式要求。不同的媒介，传播的信息不同，目的也不同，所以会形成不一样的形态，我们要根据不同形态的媒介来进行版式设计，这样才能够提高媒介的传播效率。本章一一介绍了不同媒介的版式形态，有利于学生在以后设计不同作品的时候，更加得心应手。

1.训练题

在生活中搜集一些宣传单页、杂志、报纸等资料。观察它们在版式上的区别。

要求：要从色彩运用、字体特点、栏式设计、信息安排、受众心理、想象力等角度展开说明。

2.课后作业题

在商场搜集各大品牌的宣传册、杂志等媒介宣传资料，从中选出一幅作品提出优点，并且表达出自己对信息传播的意见及设计作品。

要求：以PDF的形式在班内交流、在课堂上分享（每班随机抽取至少五名同学进行演示和分析）。